李四光纪念馆系列科普丛书

听李四光讲地球的故事

李四光纪念馆

编著

北京大学出版社

PEKING UNIVERSITY PRESS

图书在版编目(CIP)数据

听李四光讲地球的故事/李四光纪念馆编著. —北京：北京大学出版社，2019.9
（李四光纪念馆系列科普丛书）
ISBN 978-7-301-30690-1

Ⅰ.①听… Ⅱ.①李… Ⅲ.①地球科学－青少年读物 Ⅳ.①P-49

中国版本图书馆CIP数据核字 (2019) 第170446号

书　　　名	听李四光讲地球的故事	
	TING LI SIGUANG JIANG DIQIU DE GUSHI	
著作责任者	李四光纪念馆 编著	
责任编辑	张亚如　王　彤	
标准书号	ISBN 978-7-301-30690-1	
出版发行	北京大学出版社	
地　　　址	北京市海淀区成府路205号　100871	
网　　　址	http://www.pup.cn	新浪微博:@ 北京大学出版社
微信公众号	通识书苑（微信号：sartspku）	科学元典（微信号：kexueyuandian）
电子邮箱	编辑部 jyzx@pup.cn	总编室 zpup@pup.cn
电　　　话	邮购部 010-62752015　发行部 010-62750672　编辑部 010-62753056	
印　刷　者	天津裕同印刷有限公司	
经　销　者	新华书店	
	787 毫米×1092 毫米　16 开本　7.5 印张　105 千字	
	2019 年 9 月第 1 版　2025 年 2 月第 5 次印刷	
定　　　价	58.00 元	

前 言

亲爱的读者小朋友：

你知道我国著名的科学家、教育家李四光先生吗？他可是新中国地质事业的开拓者，是科学家的杰出代表，更是很多小朋友心目中的偶像。李四光先生小时候就非常聪明好学，酷爱读书，就像牛顿、爱因斯坦那样，对大自然充满了好奇，每每遇到关于神秘的大自然的书，他甚至不吃饭、不睡觉也要先把书看完。也正是由于这种对知识的无比向往，他15岁就赴日本留学，后来又在英国伯明翰大学先学采矿，后学地质，获得了硕士学位。1931年，他被英国伯明翰大学授予博士学位。他把对自然的热爱变成了一种钻研的动力，不仅提出了古生物"蜓"的鉴定方法，还发现了我国东部第四纪冰川的遗迹，更创立了地质力学，用力学的方法研究和解决地质问题，在全世界都很出名呢！

在新中国成立之后，李四光先生放弃了国外的优厚条件，历尽千辛万苦，克服重重阻挠，终于在1950年回到了祖国的怀抱。他身边的好多朋友都感到不解，面对质疑，李四光先生坚定地回答："（我）理所当然地要把我所学的知识全部奉献给我亲爱的祖国。现在，我的祖国和人民还在贫困中挣扎，我应当回去，用我所学的本领去改变祖国的面貌。"看吧，李四光先生不仅学识渊博，还怀有对祖国深深的爱！

回国之后，李四光先生把全部的精力都用在了建设祖国上面。作为新中国第一任地质部部长，他不仅带领大家摘掉了我们国家"贫油"的帽子，还发现了好多高产量的铀矿。1955年，他当之无愧地入选新中国的第一批学部委员！

　　毛主席非常关心和支持李四光先生的工作，曾经和他一起从天体起源谈到生命起源，还说很想看李四光先生写的书。李四光先生很受鼓舞，就在工作之余，写成了《天文·地质·古生物》一书。这本书有 17 万字，还有 60 多张精美的照片和插图，从地球的起源谈起，讲到了人类探索地球的方法、过程和取得的成果，介绍了生命的起源和演化，以及地球内部的秘密。从这本书里，我们能够看到李四光先生孩子般的好奇心，还有对大自然深深的热爱！

　　本书正是由李四光先生的《天文·地质·古生物》一书关于地质的内容改编而成，带领大家开启一段探索地球的旅程，看看我们赖以生存的家园究竟拥有怎样神奇的力量。大家想过地球是怎么诞生的吗？地球的内部又是什么样子？为什么会有火山和地震？地球上的各种奇观又是怎样形成的？在这次探索的旅程中，我们将要跟随李四光先生的脚步，一步步揭开这些问题的答案。话不多说，就让我们一起开始这段美妙的旅程吧！

目 录

第一部分

人类对地球的认识

从地球看宇宙

"一闪一闪亮晶晶，满天都是小星星，挂在天上放光明，好像许多小眼睛。"你的爸爸妈妈或许曾陪着你，在夜空下一颗一颗地数星星。你知道北斗七星在哪儿吗？你是否对忽明忽暗的星星产生过疑问？昨天看到的星星为什么今天就消失了呢？让我们跟随李四光爷爷的脚步，看看神秘的星空、神秘的宇宙。

我们为何能看到色彩斑斓的世界？

我们为何能看到色彩斑斓的世界？夜幕降临，如果你注意观察，你会发现：处于黑暗中的物体你是看不见的，只有打开灯，你才能看到东西。这时候，你或许会说，光决定了我们能够看到什么样的世界。这是正确的吗？

首先，让我们洞悉一下光的本质。

牛顿的发现

早在 17 世纪，伟大的英国科学家牛顿就发现了一个神奇的现象。他让无色的太阳光穿过三棱镜的一面，然后看到，从三棱镜的另一面射出了七种颜色的光，也就是我们现在所说的"七色光"。事实上，

七色光只是一小部分能够被人眼捕捉到的光线，自然界中的大部分光线并不能被我们看到。

世界本身没有颜色

世界本身是没有颜色的，那为什么我们看到的世界是五颜六色的呢？这取决于你看到的物体的性质。比如，你能看到一朵红色的花，并不是因为这朵花是红色的，而是因为这朵花把太阳光中的其他光吸收了，只留下红光。红光反射到你的眼中，你的大脑告诉你，这是红色，那这朵花就是红色。同样地，各种颜色的光反射到你的眼中，那这个世界就是五颜六色的。

你应该知道色盲吧？实际上，直到大脑做出反应，其他所有的过程都是一样的。色盲和你唯一的区别是，他们的大脑做出了错误的判断。

光跑得有多快？

估计你听说过超音速飞机，但你一定没有听说过有什么东西的移动速度能够超越光速。在一个标准大气压和15℃的条件下，声音的传播速度约为340米/秒，而光的速度要快得多，光在真空中的速度为2.99792×10^{8}米/秒。真空中的光速是目前所发现的自然界物体运动的最快速度。

发令枪枪响的同时为什么会腾起烟雾？

以前，在科技尚不发达的时候，百米赛跑是需要计时员手动计时的，这要求计时员们在发令枪枪响的同时按下计时器的开始键。但是，声音的传播是需要时间的，100米的距离，计时员在将近0.3秒后才能听到枪响，这对记录运动员的成绩，尤其是确定世界纪录是有很大影响的。因此，如果在枪响的同时腾起烟雾，计时员看见烟雾就开始计时，这样声音传播所产生的影响就可以忽略不计了。

光年可不是时间单位

说起太空，大家对"光年"这个词一定不会陌生。在宇宙中，天体与天体之间的距离非常遥远，远不是用千米就可以度量的，这时候用"光年"来计算就会很方便。所谓光年，说的是光在真空环境下传播 1 年所走的行程，它是距离单位，而不是时间单位。例如，银河系的直径为 10 万多光年，这意味着光从银河系的一端移动到另一端需要超过 10 万年。

不同时空的邂逅

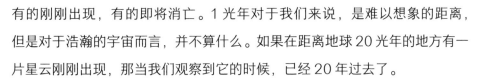

我们今天看到的宇宙，是其中每一团、每一点物质，在有关它们各自历史发展过程中的一个剖面的总和。

宇宙空间里分散着各种各样的物质，有的刚刚出现，有的即将消亡。1 光年对于我们来说，是难以想象的距离，但是对于浩瀚的宇宙而言，并不算什么。如果在距离地球 20 光年的地方有一片星云刚刚出现，那当我们观察到它的时候，已经 20 年过去了。

今天，我们可以在同一时间观测到 20 年前 20 光年外刚刚出现的星球和 1000 年前 1000 光年外即将消亡的星球。李四光先生给出了他的理解：今天我们所见到的天空的面貌，不是天空今天真正的面貌；这些面貌有的已成过去，而有些新生的东西，还要等待很久很久以后，才能在地球上看见。

不同时期的"地球"组成的美丽图卷

地球是宇宙中的一颗微不足道的行星，其成因也必然和宇宙中其他星体的形成具有相关性。我们可以参照今天所见到的其他星体的实际情况想象地球的过去，探究地球形成的过程。可以说，这一片星空，是不同时期的"地球"组成的美丽图卷。

本书引文均以蓝字标出，引文均引自李四光的《天文·地质·古生物》一书。

地球是一颗什么样的星球?

前面说到,宇宙中分散着各种各样的物质,它们的数量是难以想象的,你很难在宇宙中找出什么独一无二的物质。恒星也好,行星也罢,我们总能在若干光年外找到太多太多颗类似的恒星或者行星。我们赖以生存的地球,宇宙中一颗看似普通的行星,却孕育了宇宙间独一无二的东西 —— 生命。

地球的渺小与伟大

沧海一粟

你知道"沧海一粟"这个成语吗?这个成语出自宋代苏轼的《前赤壁赋》:"寄蜉蝣于天地,渺沧海之一粟。"现在人们用这个成语比喻非常渺小,微不足道。

最新的研究通过对宇宙微波背景辐射的观测,发现我们的宇宙已经膨胀了 138 亿年,宇宙的可视直径至少 920 亿光年,而地球的平均半径只有6371 千米,地球在宇宙中是名副其实的"沧海一粟"。

拥有生命的星球

如果我问你,失去了什么人类将无法生存?你首先想到的一定是水或者空气。的确,水和空气都是生命存在的重要条件。地球拥有水和空气很大程度上取决于它在太阳系中的位置及其本身的质量。在太阳系中,有三颗具有和地球类似结构的行星,按与太阳的距离从近到远依次是水星、金星和火星,地球介于金星和火星之间。

水星离太阳太近了,它的昼夜温差极大。金星在质量上与地球最相似,可惜它也距离太阳很近,表面温度始终处于 400℃以上,水只能以气态形式存在。

火星所处的位置适宜，可惜质量太小，留不住温室气体二氧化碳。火星表面平均温度约为$-55℃$，大气压不到地球的百分之一，水只能以固态形式存在。

集合了众多巧合的杰作

人们总是惊叹于地球上的自然杰作，那些在特定的时间、特定的地点、特定的环境中诞生的自然杰作，比如玫瑰状的矿物自然结晶、万年不朽的金刚石，而经常忽略地球本身就是一个集合了众多巧合的杰作。

太阳自诞生以来没有什么明显的变化，为地球创造了稳定的光照条件。地球附近的大小行星各行其道、互不干扰，为地球提供了安全的运行轨道。日地距离适中，地球的自转周期不长不短，使地球拥有一个适宜的温度。地球体积和质量适中，吸引气体形成大气层，并经过漫长的演化，形成以氮气、氧气为主的适合生物呼吸的大气圈。

正是这些巧合，让地球成为一颗拥有生命的星球。但是，到目前为止，依然没有人能够给出一个明确的理论，告诉我们，为什么一颗普通的星球能够拥有生命。

神话传说

历史的记载告诉我们，自古以来，就有一些人注意到构成地球表面那些有形的东西，不是永远"安如泰山""坚如磐石"，而是在不断发生变化。

晋代葛洪在《神仙传》里提到过"东海三为桑田"，大意是东海变为农田，这种变化已经发生三次了。这也是"沧海桑田"成语的出处，现在人们用这个成语来比喻世事变化很大。

仙人的约定

《神仙传》里讲，从前有两个仙人，一个叫王远，一个叫麻姑。一次，他们相约到蔡经家去饮酒。王远先到，在和蔡家人互相致意之后，独自坐在那里等候麻姑的到来。

见麻姑迟迟未到，王远派使者去请麻姑。使者回来后向王远禀报说："麻姑命我先向您致意，她说已有五百多年没有见到先生了。此刻，她正奉命巡视蓬莱仙岛，稍待片刻，就会来和先生见面的。"

不久后，麻姑从天而降，宴席开始。

席间，麻姑对王远说："自从得了道，接受天命以来，我已经亲眼见到东海三次变成桑田。刚才到蓬莱，又看到海水比前一时期浅了一半，难道它又要变成陆地了吗？"王远叹息道："是啊，圣人们都说，海面在下降。不久，那里又将扬起尘土了。"

海陆在变化，海洋不一定一直是海洋，陆地也不一定一直是陆地。或许几百万年前，乃至几万年前，你生活的这片区域就是一片海洋。那我们怎么知道很久很久以前地球上的某一个地方是陆地还是海洋呢？

海陆变化的证据

公元前500年，生活在希腊的学者发现，海水中的螺蚌等生物夹在莫尔岛远远高出海面的崖石上。生活在海水中的螺蚌等生物离开海水就无法生存，它们没有在陆地上行走的能力，更不可能攀爬到高山之上。那为什么它们会被嵌在高高的崖石上呢？唯一的解释就是它们本来就生活在那里，它们活着的时候，那里还不是高山，还位于海平面之下。

如果你在爬山的时候，发现山上有许多海洋生物的化石，那么很久很久以前，你所在的地方极有可能是海洋。当然，要排除人为带上去的化石！

自然科学的大发展

18世纪下半叶至19世纪上半叶，工业革命促进了生产力的发展和科学技术的进步，对自然科学，尤其是地质学，产生了极大的推动作用。在欧洲，科学考察和科学探险盛行起来。

地质学开始蓬勃发展，越来越多的人对地质现象进行实地探索。他们的大方向基本上是一致的，但他们之间，却因为观点不同，对相同的现象认识不一致，产生了水成论和火成论、渐变论和灾变论的争论。让我们一起来看看他们各方的观点吧。

水火之争

水成论和火成论的论战，是地质学发展必然要经历的过程，代表了地质科学发展的一个重要的历史阶段。

水成论学派以德国地质学家维尔纳为代表，认为水对地表的改变起决定作用。火成论学派以英国地质学家赫顿为代表，认为熔融的地核产生的热量是地质作用的主要动力，现在的地表是水火共同作用的结果。

最早的水成论

水成论的出现要早于火成论。早在17世纪，英国地质学家伍德沃德就提出了最早的水成论 —— 洪积说。伍德沃德认为，现在地球表层这些我们能看到的地质结构都

是在洪水中形成的。地球形成于一次又一次的洪水中，每一次洪水都会破坏地球的表层物质，然后这些表层物质又重新堆积在一起形成地层。

地质学大厦的砖瓦 —— 地层

地层是最基本的地质单元，一切成层的岩石都可以叫作地层。它始于环境的变化，也终于环境的变化。让我们借助伍德沃德的洪积说感受一下地层的形成过程。

数百万年前的某天，一股汹涌的洪水打破了平静。洪水在前进的过程中带走了地表上大量的物质。几天后，洪水结束，洪水带走的物质开始沉积，新地层就开始形成了。直到出现新的洪水，稳定的沉积环境被打破，新地层即将被破坏，更新的地层也开始形成。

火山爆发带来的灵感

17 世纪末期，在伍德沃德的洪积说盛行之时，意大利威尼斯修道院院长莫罗顺着埃特纳火山爆发带来的灵感，提出了最早的火山作用理论，为后来火成论的提出奠定了理论基础。

火 "舌"

他认为：最初的地球是被水覆盖的，随着地球内部巨大能量的释放，越来越多的地球内部物质以火山爆发的形式被带出来，形成了现在的岛屿、大陆和山脉。

这和伍德沃德的洪积说有本质的区别，最早的水成论和火成论之争开始了。

水成论的领袖

18世纪末至19世纪初，由于与《圣经》上记录的大洪水极其吻合，水成论得到了神学家们的支持。那时，水成论极为盛行，在自然科学领域占据主导地位。德国地质学家维尔纳是他们公认的领袖，他是一名大学教授，教书四十多年，可谓桃李满天下，影响颇深。

水成论在维尔纳的推动下，不断完善，达到了登峰造极的地步。

以他为首的水成论学派认为：地球生成的初期，其表面全部为"原始海洋"所淹盖。溶解在这个原始海洋中的矿物质逐渐沉淀，从这些溶解物中，最先分离出来的东西是一层很厚的花岗岩，它铺在表面起伏不平的地球"核心"部分上面，随后又沉积了一层一层的结晶岩石。维尔纳把这些结晶岩层和其下的花岗岩，称为"原始岩层"。

你完全不用想花岗岩是什么，结晶岩石又是什么。这个理论，简单来说，就是地球表面组成地壳的岩石都是由水溶液形成的。另外，维尔纳还认为，地层形成之后，一切地质作用就停止了，完全否定了包括火山作用在内的一切后期改造作用。

你去看看吧

"耳闻之不如目见之"，这样的道理，水成论的反对者也是懂的。例如法国的一位地质学家德马雷斯特，他在法国中部的某个采石场附近发现了黑色的玄武岩。现在我们知道，玄武岩是一种典型的火成岩，也就是岩浆冷却、凝固后形成的一种岩石。德马雷斯特顺着玄武岩体找到了它的源头 —— 一个火山口。德马雷斯特不愿与他人争辩，每当有水成论者给他讲道理，他会直接说："你去看看吧。"搞得争辩者哑口无言。

不可否认，事实的确是最有力的武器。

被埋葬的古城

让我们再来看看其他的证据。相信你一定听说过意大利最著名的火山，维苏威火山，以及它埋葬的那座城 —— 庞贝古城。

公元79年，维苏威火山发生了一次猛烈的爆发，灼热的火山物质和大量

的火山灰吞噬了当时极为繁华的庞贝古城。直到 18 世纪中叶，考古学家才让被数米厚的火山灰埋葬的古城重见天日，那些古老的建筑和尸体都完好地保存着，我们还能看出城里的人被埋葬时的惊恐。

水成论致命的缺陷

由于花岗岩在地球表面的岩石层中占基础的地位，所以花岗岩的生成问题就和地球上岩石的生成问题，也就是地球发展历史的问题，在很大程度上是分不开的。

花岗岩是最基础的火成岩，石英是花岗岩最主要的组成部分之一。火成论者发现石英这一类矿物是绝不可能溶于水的，也不可能从水溶液中结晶出来。他们还发现，某些花岗岩层具有交错穿插的特点，用水成论根本无法解释这一现象。

顽强的火成论者

之前说到，水成论因与《圣经》上所说的大洪水极其吻合，得到了神学家们的支持。自然，火成论者在和水成论者的争论中，处于劣势。

以英国地质学家赫顿为首的火成论者把地球内部的热量看作堆积物升出海面的原因。他们认为，包括花岗岩在内的一类岩石是地球内部高温的熔体冷却后结晶形成的。当他们观察到与花岗岩体接触的岩层有明显的被烘烤过的痕迹时，就更加坚信自己的观点了。

随着火成论的发展，越来越多的水成论者通过自己的地质实践发现了水成论的弱点，水成论最终以失败告终。而火成论立足地质实践，顽强地发展起来了。

讨论会变成了拳击场

火成论和水成论的论战有多激烈呢？

有一次，两派在苏格兰爱丁堡的小山丘下开了一场现场讨论会。因为两派对地层成因的认识有着根本上的不同，讨论时的指责和对骂达到了白热化的程度，最终以拳打脚踢结束了这场讨论会，上演了地质学发展史上一场难以想象的闹剧。

火成论也存在问题

火成论在这一次地质论战中取得了胜利，那它真的能够完全揭示地球46亿年的历史吗？

答案是否定的。火成论依然存在问题。火成论者过分强调了地球内部热量产生的动力，这远远无法解释全部问题，还需要我们继续在实践中检验火成论的正确性。

突变与渐变的争论

自然界中突变和渐变的关系是一个古老的哲学问题。在生物学领域，你一定听说过达尔文和他的代表作《物种起源》，达尔文也在书中讨论过这个问题。同样地，在地质学发展史上，这个问题也引起了无数地质学家的讨论。

突变和渐变的关系

我们怎么理解突变和渐变？你一定知道"读书破万卷，下笔如有神"的道理。书只能一本一本地读，有一个积累的过程，这叫渐变；当你读的书达到一定的程度时，你就能博古通今，随手写出有神韵的好文章来，这叫突变。

我们可以感受到：突变和渐变是密不可分的。

早期的灾变论

其实，18 世纪的地质学家已经有了突变和渐变的概念，但是他们没有正确认识到突变和渐变的关系。

让我们来看看灾变论的早期代表人物布丰的观点。他认为地球上存在两种不同的地质作用：一种是渐变的、连续而缓慢的，比如泥沙在水中的沉积过程；一种是突变的、毫无征兆的，比如地壳的抬升和下陷。他割裂了突变和渐变的关系，认为地壳的运动是突然发生的，他甚至认为地球起源于太阳

与彗星的偶然碰撞。

自然科学领域的一个重大发现

灾变论在法国自然科学家居维叶那里获得了巨大的发展。居维叶在长期的地质实践中发现：不同的地层中含有不同的动植物化石，并且和现在的动植物有明显的不同。

这本来应该是19世纪自然科学领域的一个重大发现，因为它契合"生物进化论"，说明生物界是变化的、发展的。

但是，居维叶根据这个发现做出了一个推论，陷入了一个误区。他忽略了不同的动植物化石之间的联系，提出了全球灾变理论。他认为，不同地层的形成，是由于发生过多次洪水灾变，每一次灾变都伴随着新一轮的生物创造。而《圣经》中记载的洪水就是地球历史中发生的一次洪水灾变。

灾变论者指出了地球上突然发生的巨大变化，这对人们认识自然现象有一定的激发作用；而他们片面地强调这些现象，好像大自然的变化没有秩序，没有规律，这……是完全错误的。

灾变论和水成论一样，在宗教势力的帮助下风靡一时。

越来越厚的土地

我们脚下的土地到底有多厚？组成土地的这些物质又是哪来的？

如果用灾变论来回答这个问题，那该是多么巨大的力量，才能把这么多的泥沙搬过来堆满地球表面啊！要知道，整个地壳的平均厚度约为17千米，最厚的地方甚至可以达到70千米呢！

火成论的代表人物赫顿对这个问题也有自己的见解。他认为，地球表面的面貌并不是一成不变的，地表会被不断地破坏，形成泥沙、石子。这些泥沙、石子最终被带到海里沉积，形成新的地层。这个过程是非常缓慢的。当新的地层露出地表，也会重复这样的过程。

陆地上这么厚的岩层得消耗多少年的时间啊！

地质学的奠基之作

19 世纪中叶，英国地质学家莱伊尔在长期野外地质考察掌握了大量资料的基础上，撰写了《地质学原理》。这本书是地质学的奠基之作。

在这本书里，他明确地提出：过去的地质现象应在现在的自然现象中寻找，过去和现在的地质作用都是缓慢的。这其实也是莱伊尔渐变论思想的基本论点。风、流水、冰川、海洋、地震等都要经过漫长的地质作用过程，才能改变地表的面貌。

这与当时盛行的以居维叶为首的灾变论是针锋相对的，地质学发展史上的又一场论战 —— 灾变论与渐变论的论战开始了。

现在是了解过去的一把钥匙

你觉得哪一方取得了论战的胜利呢？答案是：渐变论胜利了。我们不再赘述其中的原因，大家想想火成论是如何战胜水成论的，再结合上面学到的内容，看能否说出点儿道理来。

可以告诉大家，在这场论战中，莱伊尔的渐变论取胜的关键在于"将今论古"的研究方法。用一句话来概括，就是"现在是了解过去的一把钥匙"。举一个简单的例子，现代造礁珊瑚只能生存在热带、亚热带，如果你在某处发现了珊瑚礁化石，你就可以依此推断出当地的古气候。

第二部分

地球的成长

幼年的地球

地球有 46 亿年的历史，现在的地质学将这 46 亿年划分为 4 个宙，也就是 4 个时期：冥古宙、太古宙、元古宙和显生宙。其中，冥古宙、太古宙和元古宙就占据了地球近 90% 的历史。直到元古宙末期，多细胞生物才出现；显生宙初期，地球上才开始出现生命大爆发。

地球的年龄

如果你去地质博物馆参观时留意过地质年代表的话，就会发现，虽然显生宙只占了地球历史的一小部分，但是人类对它的了解程度远远超过更古老的 3 个宙。这是因为，显生宙是生命大爆发的时期，人类可以通过各地层中埋藏的古生物对特定的历史时期进行研究。显生宙细分起来更加容易，很大程度上要归功于古生物。那么，在显生宙之前极少有化石记录的情况下，我们该如何确定地球的年龄呢？

不离不弃的锆石

钻石由于其数量少、质地坚硬，被用来象征永恒的爱情。锆石，自然不是一种钻石，但是在地质工作者眼里，它比钻石更珍贵。

锆石就像一张永远不会丢失的身份证，能够抵御岁月的侵蚀，保留所处岩石最原始的记录，地质学家可以通过锆石定年的方式读取这个记录。如果

你在一块岩石中发现了一块小小的锆石，那么它就可以告诉你这块岩石的年龄。地质学家通过这种方式，发现了最古老的"身份证"，它告诉我们，地球上最古老的岩石有 42.8 亿年的历史。地球的年龄自然至少要高于这个数字。

外来者的见证

前面说到，我们通过对头上这片星空的探索，可能能够了解到地球的过去。宇宙中的星体时不时地会丢下一些小碎片，落到地球上，我们把这些落到地球上的碎片称为陨石。对陨石的研究便是了解地球过去的一个捷径。

大多数科学家都认同这样一个观点：整个太阳系诞生在同一时间。因此，我们通过对陨石的研究可以进一步缩小地球的年龄范围。经测定，大量的陨石年龄都在 45 亿~47 亿年之间，这就是地球年龄的一个可能的范围。

20 世纪 70 年代，"阿波罗"号从月球上带下来的最老的岩石样品年龄大约为 44 亿~45 亿年。科学家们由此推测，地球的年龄大约是 46 亿年。

人类出现在地球历史的最后两分钟

你想过这样一个问题吗？如果地球的历史仅仅只有 24 个小时，我们会看到什么样的场景？

早上 6 点，最早的微生物出现了；中午 11 点，大气中的氧气浓度开始成规模地增加；15 点 45 分，地球上才开始出现多细胞生物；21 点左右，在 1 分钟左右的时间里，发生了寒武纪的生命大爆发，几乎现存的所有物种都可以在这里找到祖先；23 点前后出现的恐龙仅仅统治了地球半个小

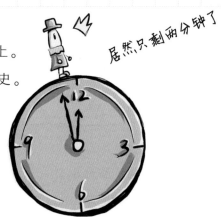

时；23 点 58 分，最早的人类才出现在地球上。

以上就是地球惊心动魄的 24 小时的历史。对于最早的人类是如何界定的这一问题，学界仍在争论。但是，不可否认的是，人类的出现只是地球历史长河中微不足道的一部分。

早期的地球是一个熔炉

地球在形成之初是非常炽热的，就像一个大熔炉。是什么给地球提供了如此巨大的能量呢？科学家们提出了几种可能：地球的收缩、放射性同位素的衰变以及其他星体对地球的撞击。

地球在收缩

你还记得牛顿院子里的苹果树吗？相传落在他头上的苹果让他灵光一现，发现了万有引力定律。他说：有一种来自地球的无形的力，在拉着所有的物体下落。这种无形的力便是"重力"。

我们知道，现在的地球是一个椭球体，像是一个凹凸不平的梨。但是，在地球最开始形成的时候，远不是这样。那时的地球在慢慢捕获轨道周围的小型物质，自身的体积和质量在不断增加，地球受到的万有引力也在增强，巨大的重力使地球开始向中心收缩。

苹果树上的苹果在下落的过程中发生了能量的转化，砸在牛顿的头上，让他感到头痛；同样地，地球在收缩过程中也会发生能量的转化，使得地球内部的温度升高。

奇妙的衰变反应

地球热量的第二个来源是放射性同位素的衰变。

早期的地球比现在拥有更多的放射性同位素。这是一类神奇的元素，它们蕴含了大量不稳定的能量，并且在不断地释放能量。

暴躁的"小男孩"

这种能量是巨大的。我们用 1945 年美国向日本广岛投放的原子弹做个类比，这枚被称为"小男孩"的原子弹，将 12 平方千米的区域夷为平地，造成无数死伤。如果将早期的放射性同位素衰变产生的能量换算成多少个"小男孩"的能量，那也会是个天文数字。

难以想象的碰撞

行星地质学家推测，在过去的 6 亿年里，撞击地球的直径超过 5 千米的星体大约有 60 个，陨石冲击事件更是不计其数。在地球形成早期，这种碰撞更加频繁，撞击地球的星体也大得夸张。

科学家们认为，月球就是地球被一个巨大的星体撞击之后的产物，我们现在很难想象这样的场景。陨石的冲击以及这些巨大的星体的撞击，不仅给地球带来了大量的物质，还为地球提供了大量的能量。

地球的华丽转变

在地球收缩、放射性同位素衰变和其他星体撞击的共同作用下，早期的地球是非常炽热的，可演化至今，地球却成为太阳系中唯一一颗适宜人类生存的星球。地球是如何实现这样的剧变的呢？

强大如地球也无法摆脱的命运

密度小的物质会浮在密度大的物质之上，这是众所周知的。

准备一个装有水的烧杯，加入植物油，并充分搅拌，我们会得到一杯充分混合的浑浊液，植物油和水的界限不见了。静置几分钟，植物油开始和水分开，并且聚集在水的上方。这就是因为植物油的密度比水低。

早期的地球也是这样的浑浊液，只是成分复杂得多。

地球就是一片岩浆海

地球形成之初，温度非常高。地质学界普遍认为，当时的地球主要由熔融的岩浆组成，整个地球就是一片浩瀚的岩浆海。

地球表面都是岩浆

重的东西往下走

我们首先来看一下，现在的地壳和整个地球中各种元素的含量。

铁元素在整个地球中的含量要远高于它在地壳中的含量，而硅、氧元素则不同，它们在地壳中的含量要远高于它们在整个地球中的含量。

原始地球上各种元素是均匀分布的，那为什么现在地球的面貌如此不同呢？为什么铁元素和硅、氧元素在分布上有这么大的差异呢？这和"密度小的物质会浮在密度大的物质之上"是一个道理。铁元素比较"重"，它们会集中在地球的内部，而硅和氧等是较"轻"的元素，它们会集中在地球的表层，我们把这个集中的过程称为"重力分异"。

地球的里面是什么样？

重力分异使得地球内部形成分层结构。地球由外到内分成三个部分：地壳、地幔和地核。地壳最接近地表，是最"轻"的，它的密度最小，只有 $2.5\sim3.0\text{g/cm}^3$。地幔占地球总体积的 83%，总质量的 2/3，密度由浅部的 $3.3\sim3.4\text{g/cm}^3$ 到深部的 $5.5\sim5.7\text{ g/cm}^3$，逐渐变大。地核的密度最大，在核心部位可以达到 $12.5\sim13\text{ g/cm}^3$。

可以很明显看出，从地壳到地核，密度在不断增大。

两个神秘的"探险家"

地质学家是怎么测出地球深部的密度的呢？这就要提到两位神秘的"探险家"了，它们是横波（S波）和纵波（P波）。地质学家根据它们在不同密度的物体中不同的传播速度来测定地球深部的密度。接下来，让我们来看看两位"探险家"的地心之旅吧！

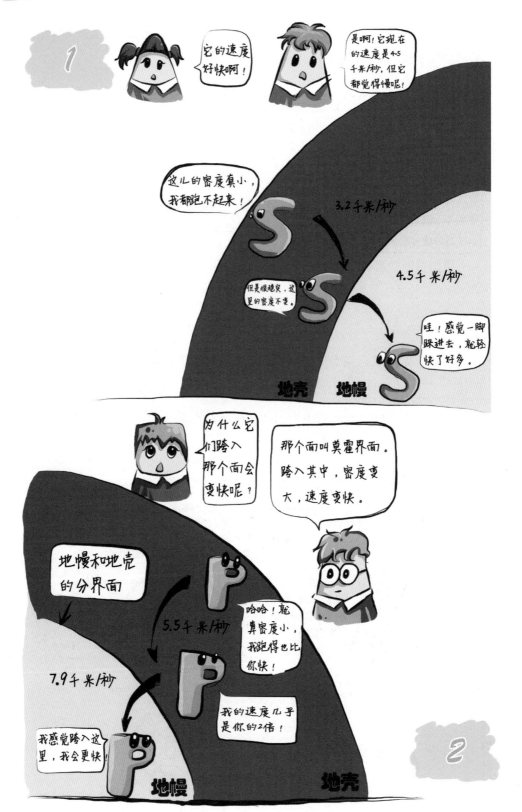

　　弹性物质传播这两种波的速度，与它们物质的密度和某些弹性系数各有一定的关系。它们都是与传播物质的密度成正比例。因此，从震波传播的速度，可以推测传播它的物质的密度。

"走着周游世界"

　　几乎每个人小时候都会有周游世界的想法，我想你们也不例外。飞机、火车、轮船、公交车甚至自行车都被人们当作周游世界的工具。你有想过人类可以走着周游世界吗？

第一次环球航行

世界上第一次环球航行是由麦哲伦率领的船队完成的。麦哲伦原来是葡萄牙的一名水手，后来到了西班牙。当时，西班牙人热衷于航海探险。麦哲伦的航行计划得到了西班牙国王的支持，1519年9月20日，由5艘远洋帆船组成的麦哲伦船队驶离西班牙。

很可惜，探险船队在抵达菲律宾群岛后，发生了一个意外——麦哲伦本人死在了和岛上土著人的争斗中。幸存的船员们继续航行，并于1522年9月6日回到了西班牙。回到西班牙时，5艘远洋帆船只剩下1艘，出发时的二百多名船员也只剩下18名，这场持续三年的环球航行告诉我们环球航行的不易。

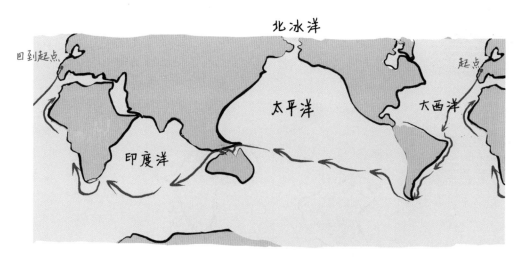

麦哲伦航海路线(红色部分)

把破碎的大陆拼起来

如果你仔细地看过世界地图，你会发现：南美洲东部的海岸线和非洲西部的海岸线似乎是可以拼在一起的，北美洲东南部的海岸线和欧洲西北部的海岸线似乎也是可以拼在一起的。那这是不是意味着地球上各大洲原本是可以拼在一起的呢？

隔着一个大西洋的近亲

"一方水土养一方人"，不同地域的人，由于生存环境以及生存方式的不同，思想观念和文化性格特征也可能存在差异。同样地，不同环境孕育出的生命也是不同的。

澳大利亚就是一个典型的例子。

澳大利亚拥有近 400 种哺乳动物、800 多种鸟类，鱼类更是超过了4000 种，还有众多的爬行动物。其中，超过 80% 的哺乳动物是其他地方没有的特殊"品种"，这是澳大利亚孤立的大环境形成的地理隔离造成的。毕竟，其他大陆上的动物没有人类这么聪明，不能搭飞机或者坐轮船远渡重洋，成为澳大利亚的"居民"。

但是，1912 年，德国气象学家魏格纳却在非洲和南美洲都发现了一种叫作中龙的化石，这是怎么回事呢？非洲和南美洲之间可是隔着一个大西洋啊！

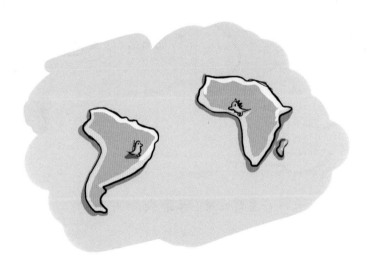

由此诞生的一个经典理论

魏格纳认为，地球上的所有陆地曾经是一个统一的大陆，叫作"泛大陆"。那个时候，生物的迁移是畅通无阻的。如果人类可以回到那个时期，还真能实现"走着周游世界"的梦想。

地球"生气"了

人类能在地球诞生之初生存吗?

在地球形成的同时,地球上的大气也开始形成了。那么,人类能在地球诞生之初生存吗?

我们先来看看早期大气的组成。我们把早期大气称为原始大气圈,它的成分以氢、氦为主。此外,陨石和其他天体撞击地球时,会携带一些水,这些水会因为高温蒸发而变成水蒸气,成为原始大气圈的一部分。原始大气圈是不存在氧气的,因此人类不能在地球诞生之初生存。

地球"生气"了

原始大气圈的成分以氢、氦为主,但是由于这两种元素的原子质量太轻,地球对它们的引力比较小,它们很容易向外太空逃逸。因此,原始大气圈一定还有其他的来源,否则大气圈的气体早就跑完了。

地球生气,火山向外排气体

我们知道,火山喷发时会释放大量的气体,包括二氧化碳、氮气、水蒸气等。而原始大气和现代大气在二氧化碳和氮气含量上有非常大的差距,尤其是二氧化碳,它在原始大气圈中的含量是在现代大气圈中的 20 万倍。我们可以进行合理的猜测,在地球演化的早期,地球具有巨大的能量,火山喷发的频率远远超过现在,释放出来的二氧化碳也是巨量的。

现在,我们把这种气体释放的过程叫作排气作用。你可以很形象地认为,刚刚诞生的地球在耍小脾气,它"生气"了,释放出了大量的气体。

氧气的制造者

当你走过一片草坪或者穿过一片树林时，你知道那里存在着一群默默付出的"氧气工人"吗？你对它们表达过感谢吗？可以说，如果没有植物和其他能够产生氧气的有机体存在，人类或许不复存在！

值得庆幸的是，地球的排气作用以及陨石和小行星的撞击为我们送来了制造氧气的原料——水和二氧化碳。那么，地球上最早的氧气制造者是什么呢？

细致的地质学家在澳大利亚和非洲的35亿年前的岩石中发现了目前已知最古老的化石，其中含有很多微小的丝状有机体，我们将这些有机体称为蓝藻。这些蓝藻可以利用太阳能，以水和二氧化碳为原料，生产葡萄糖和氧气，这和植物光合作用的原理是一样的。

古生物学的证据

在太古宙，大气中氧气的含量依然很低。这说明在35亿年前就存在的蓝藻还不成规模，难以对大气圈的组成有实质的改变。

到了元古宙，氧气的含量有了一个飞跃，这是否意味着蓝藻的繁衍已经到了极为繁荣的地步了呢？让我们来看看地质学家发现的巨大的叠层石。这种岩石是由数以亿计的蓝藻聚集在一起形成的，这样的密集程度足以说明，当时的蓝藻已经成长到可以改变大气组成的地步了。

岩石学的证据

你有注意过爷爷奶奶家切菜用的菜刀吗？上面是否有一些红色的锈迹呢？以前，大多数人的家里都会有专门用来将菜刀的锈迹磨掉的磨刀石。

现代大气中含有大量的氧气，它可以和铁反应生成红色的铁氧化物，这就是菜刀生锈的原因。现在的菜刀不会再生锈了，因为铁里面掺杂了其他金属，阻碍了铁氧化物的形成，以前可没有这样的技术。

元古宙初期，更没有这样的技术。于是，如果大气中存在氧气，地壳中存在的一些铁就会和大气中的氧气反应生成铁氧化物。这种氧化物呈红色，在地壳中很容易辨别。它们是大气中存在氧气的明证。

地球有了一层保护膜

你听说过"臭氧层空洞"吗？在地球低层大气的上部有一层薄薄的臭氧层，它能阻挡大部分太阳紫外线辐射，为生命提供一层保护膜。前些年，由于人类大量使用制冷剂氟利昂，一种可以和臭氧反应的物质，臭氧层有了变薄的危险。科学家们担心失去这层保护膜，人类将难以继续在地球上生存。

大气中的氧气分子受太阳辐射后分解成氧原子，氧原子又与周围的氧气分子结合形成臭氧。在元古宙，随着氧气含量的升高，臭氧也开始形成。氧气对生命的贡献不仅在于它可以供给生命呼吸，还在于它为生命的生存和发展提供了保护伞。

我是臭氧层，可以抵御紫外线。

雨后生机

从地球原始大气圈的成分推断，由于当时氧气含量很低，难以形成能起到保护作用的臭氧层，阻止太阳的紫外线辐射对生物的影响，因此地球早期的生命很难出现在陆地上，它们最有可能先出现在海洋里。

初始海洋是怎么形成的？

海洋的形成和大气的形成是密切相关的。海洋水的来源和大气中水蒸气的来源是一致的，都是来自地球的排气作用以及陨石和小行星的撞击。

当小行星撞击事件逐渐减少，地球开始冷却，大气中的水蒸气也开始液化，出现了大量的降水。湖泊、河流在陆地上形成，它们携带可溶于水的物质汇入海洋。海洋因此富含生命必需的各种元素。与此同时，海水为生命阻挡了大部分的太阳紫外线辐射，成为最适合生命演化的地方。

著名的生命起源实验

20 世纪上半叶，科学家们猜测，地球早期大气除了氢气和氦气，还含有甲烷和氨气。每个甲烷分子都含有一个碳原子，每个氨气分子都含有一个氮原子，而现在最基本的生命分子都是含碳、氢、氧、氮的有机物，他们猜测，这样的原始大气会成为最早的生命分子的关键。

1953 年，斯坦利·米勒和哈罗德·尤里设计了一套设备来验证"地球早期能否形成有机分子"，这就是著名的生命起源实验。

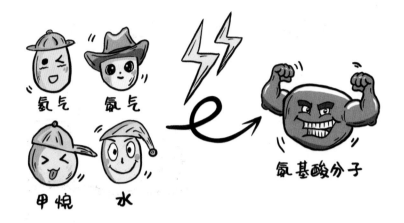

他们用一个装有氢气、甲烷、氨气和水的容器模拟原始大气，用钨电极模拟闪电，下面放一个容器用来接收实验的产物。一个星期后，他们就在接收容器中发现了氨基酸分子，这是生命的基石——蛋白质的重要组成部分。

生命起源问题依然没有解决

但是，这个实验忽略了原始大气中其他的一些重要组成部分，比如二氧化碳。当人们将这些气体一起放入实验仪器中，并没有产生大量的氨基酸。

有些科学家猜想，有机分子可能形成于外太空，在陨石或者小行星撞向地球之前，它们就已经形成了。但是，受科学技术发展的限制，我们很难检验这种猜想的正确性。还有些研究表明，生命起源可能和海底热液有关。

目前，还没有一个理论能明确说清楚生命起源的问题。上面的这些假说可能没有一个是对的，生命起源也可能是很多因素共同作用的结果。我们要时刻保持清醒，在没有找到确切的证据之前，始终保持怀疑的态度。

地层是一本残缺不全的历史书

地质学的主要任务之一是还原地球演化的历史以及地球演化过程中发生的地质事件的先后关系。地层作为最基本的地质单元，记录了地球演化的历史，只不过地层通常是残缺不全的，很难延伸到全球。它就像一本残缺不全的历史书，往往这个地方有前几页，那个地方有后几页，地质学家需要依靠自己的聪明才智把这些历史片段串联起来。让我们来看看他们是怎么做的吧！

地层像一本残缺不全的书！

怎样知道地层有多大年纪？

地质学家有两种方法来确定地层形成的先后顺序，并借此弄清楚地球演化的历史。这两种方法分别是绝对地质年代法和相对地质年代法。前者主要依赖同位素定年法，这种方法可以获得较为精准的地层年龄，但必须在实验室中通过严格的实验测定。在地质学发展早期，地质学家没有一个有效的途径来获取地层的年龄，他们只能通过一些规律来确定地层形成的先后顺序，这就是相对地质年代法。

地层层序律

相对地质年代法的基础是地层层序律。地层层序律是丹麦地质学家斯坦诺通过对意大利地质构造的观察，于1669年首先提出的。斯坦诺是一位医生，在地层学研究过程中利用在医学上学到的生物学知识研究古生物化石，创立了著名的地层层序律。

地层层序律包括三个定律。我们以奶油蛋糕打比方，看看地层层序律讲了些什么。只有先有打底的蛋糕，才能在上面铺奶油，这就是地层叠覆律：在未受到干扰的情况下，先沉积的地层一定位于后沉积的地层的下部，我们可以依此确定沉积事件的先后关系。蛋糕师在做蛋糕的时候，会尽量将奶油铺平，这就是原始水平性定律：沉积地层在原始条件下形成时一定是水平的。无论你怎么切蛋糕，在切之前奶油都是铺满一层的，这就是原始连续性定律：在沉积过程中，如果没有受到干扰，原始的地层一定是连续的。

地层为什么会变得弯弯曲曲呢？

如果你无意或者有意地观察过地层，你一定会对地层层序律产生疑惑："为什么我看到的地层都是歪歪扭扭、弯弯曲曲的呢？一看就知道不是水平的！"

这是正常的。前面在讲地层层序律的时候，我们提到"在未受到干扰的情况下""在原始条件下"，这是问题的关键。如果你发现某个地区的地层不是连续的、水平的，那么恭喜你发现了这个地区的历史。在某个历史时期，这个地区一定受到了外界的干扰，也许是火山喷发了，也许是发生了地震。总之，地层的沉积环境发生了改变，不再是原始状态了。

地层是残缺不全的

为什么很多人把地层称为残缺不全的历史书呢？

我们至今没有发现什么地方有完完整整的地层记录，能够反映地球46亿年的历史，这是因为地层之间存在沉积间断。沉积间断，顾名思义，指的是沉积物的堆积发生了间断，地层不再增厚。在地球的大部分地方，沉积间断的时间要长于沉积物堆积的时间。你可以简单地认为，只有在江河湖海才会有沉积物的堆积，才会有地层记录地球的历史。

那么，问题来了，陆地上是什么样的景象呢？江河湖海沉积物的来源又是什么呢？

时间带着一群"吃货"

时间就像一把无情的刻刀，它在不经意间改变了爸爸妈妈年轻的容颜，也一点一点让地球母亲变得沧桑。狂风暴雨是时间最忠实的追随者，它们就像一群"吃货"，每一次到来，都会破坏地球的外壳，卷走许多沙土。

这就是陆地的景象！紧接着，河流和风带着大量的泥沙沉积在江河湖海。

你还记得"东海三为桑田"的故事吗？时间改变了一切！时间让海洋变成陆地，让陆地变成海洋，让地表形态在破坏与沉积中不断变化，循环往复。

"绵延千里的刀痕"

除了狂风暴雨对地球表面的破坏，地球自身也会因为能量的积累造成地层的不连续。这种能量是巨大的，看似坚硬的地层会被这种力量轻易地弯曲和折断。地层的弯曲和折断在自然界中对应着褶皱和断层。

在美国，有一条贯穿了美国加利福尼亚西南部的断层——圣安德列斯断层。这条断层长度超过1000千米，是地球上最长、最活跃的断层之一，现在仍以每年几十毫米的速度滑动，可以称得上是地球上"绵延千里的刀痕"。

读懂地层这本书的关键

我们已经知道了，著名的地层层序律是斯坦诺通过研究古生物化石总结出来的，可见古生物化石对地层解读的重要性。那么，我们如何通过化石来解读地层、解读地球的历史呢？

什么是标准化石?

古生物学家认为，既然在某些特定的地层中发现了特定的化石，那么我们也可以通过某些特定的化石来确定特殊的地层。

这种特定的化石被我们称为标准化石。你听说过三叶虫吗？它就是一种标准化石。下面我们就用三叶虫来给大家讲讲标准化石的三个特点。

第一个特点是存在的时间比较短。三叶虫出现于早寒武纪，并在中、晚寒武纪达到鼎盛，之后迅速衰落，所以只有寒武纪的地层中有三叶虫化石。

第二个特点是演化迅速。三叶虫易生存，繁衍能力强，成活率高，所以寒武纪的地层中会有大量的三叶虫化石。

第二个特点是分布范围广泛。在寒武纪，几乎整个地球都是三叶虫的家园，所以全球的寒武纪地层中都会有三叶虫的化石。

我们可以根据这三个特点得出一个结论：在全球所有的寒武纪地层中都有大量的三叶虫化石，其他时期的地层中要么没有三叶虫化石，要么很少。

我们可以进一步认为：存在大量三叶虫化石的地层就是寒武纪的地层。通过标准化石，我们可以确定距今 7 亿年以来的沉积地层形成的时期，这就是标准化石的重要意义。

古生物学家看运气

但是，古生物化石可不是那么容易寻找的呢！还记得时间带着的那群"吃货"吗？它们时时刻刻都想着要破坏这些化石，古生物需要及时地进入江河湖海，才有机会变成化石保存下来。

相比于全球所有的地层，存在化石的地层只是少数。只有那些运气很好的古生物学家，才能碰到完好的古生物化石。当然，如果你有幸碰到了，就可以过一把"小小古生物学家"的瘾啦！

第三部分

地球深处的秘密

火山 —— 地球最美的"伤疤"

探秘神奇的火山

一说到火山，大家会联想到什么样的画面呢？是圆锥形的山峰，从山顶喷出滚滚的浓烟？还是炽热的岩浆，所到之处寸草不生？毫无疑问，火山可以说是地球上最壮观的景象之一！火山的英文名是 volcano，是以罗马神话中的火神 Vulcan 命名的。也许在大家的印象当中，这位"火神"给我们带来的都是灾难，而实际上火山也有它天使的一面。下面，就让我们一起来看看火山蕴藏的秘密。

温泉 —— 天然烧水壶烧出的水

泉水大多数给人以一种清凉的感觉，然而还有一些泉水，从地下涌出时就冒着滚滚的热气，甚至还在沸腾，这就是大家熟悉的"温泉"。但是不知道大家有没有想过，为什么有些地方的泉水无比清凉，而有些地方的泉水温度很高呢？其实，这一切背后都是"地热"在作怪。

地热，顾名思义，就是地下的热量，是我们地球内部最主要的一种能量。就像赤道的气温比南北两极高，地球上每个地方的地热也是有差别的，有的地方"热"，有的地方"冷"。那么，我们怎样比较不同地方地热的大小呢？

地下究竟有多热?

宋代伟大的词人苏轼曾经说过:"高处不胜寒。"这句话的意思是越高的地方气温越低。其实,在地球内部也有相似的规律,只不过在地球内部,越深的地方温度越高,所以应该叫作"深处不胜热"。科学家就利用这个规律来衡量地热的大小,看深度每增加1000米,温度能够升高多少度,这就是"地热梯度"。目前发现的地下最热的地方在美国俄勒冈州,那里的地热梯度可以达到每千米150℃,所以美国俄勒冈州有丰富的地热资源,在800米深的地方就可以采到98℃的热水,甚至可以用高温的地下水直接发电!

地热与火山的相遇

地球大陆上绝大多数地方的地热梯度只有每千米10~30℃,有些地方甚至更小。因此,只有在地热梯度比较大的地方,比如冰岛、日本、印度尼西亚等,才有丰富的地热资源。更神奇的是,这些地方也有很多的火山!那么,地热与火山的相遇究竟是巧合,还是大自然的规律呢?

其实，地热与火山的相遇并不是什么巧合，因为有火山的地方地热梯度一般都比其他地方大。换句话说，如果地下像火炉一样热，那相应的地热资源也就很丰富啦。

岩浆的"家"

现在我们知道，在地面以下，随着深度的增加温度是不断升高的，我们可以用"地热梯度"来表示温度升高的快慢。地热梯度大的地方一般都有丰富的地热资源，那地热梯度小的地方，地下温度就低吗？

其实并不是这样的！虽然有的地方地热梯度不大，但只要深度足够大，温度也可以升到很高很高，甚至足以熔化坚硬的岩石。通常来说，在距离地球表面大约60～100千米深的地方，温度就能够达到1000℃。在这么高的温度下，岩石熔化并形成岩浆。那里就是软流圈，是岩浆的"家"。而在软流圈之上，温度不足以让岩石熔化，岩石还能保持固态。固态的岩石组成了我们地球表面坚硬的"壳"，这就是我们所说的岩石圈。

岩浆的奇妙旅程

软流圈是岩浆的"家"，是岩浆诞生的地方，也是岩浆旅程开始的地方。因为软流圈内的压力很大，液态的岩浆受不了那里的压力，就会沿着岩石圈的裂缝向上运动。有一部分岩浆会在岩石圈里面迷路，最后凝固，与岩石圈融为一体；还有一部分岩浆一路向上，首先汇集到一个叫作"岩浆房"的地方，在那里稍作停留，积攒能量。从地球深处来的岩浆溶解了一些气体，就像可乐一样，而岩浆房就是装着可乐的瓶子。随着岩浆不断运动，岩浆房内的压力会不断增加，这个过程就像是在摇晃一瓶可乐。当压力足够大时，岩

浆就会冲出地表，形成火山爆发。不论是在陆地上，还是在海底，冲出地表
的岩浆最后都会凝固，形成以玄武岩为主的坚硬岩石，结束自己从地球深处
到地表的奇妙旅程。

"解剖"火山

说到火山的形态，大家
应该都非常熟悉，绝大部
分火山都是圆锥形的，这
是因为喷出的岩浆等物质
会在喷出口附近不断堆
积。尽管火山从外形上
来看就是一个圆锥形，但
是火山内部还藏着不少
秘密，就让我们一起来
"解剖"一下火山吧。

我是由火山口、火山锥、岩浆房和岩浆通道组成的哟！

前面已经说过火山下方有岩浆房，岩浆在那里积攒能量，当压力足够大
时，岩浆就会冲出地表。从岩浆房出来的岩浆会沿着一个管道到达地表，这
个管道就是"火山通道"。火山的顶部有一个圆形的洞口，叫作"火山口"，
是火山喷发时岩浆的出口。火山口、火山锥、岩浆房和岩浆通道构成了一个
完整的火山。

神奇的火山口

尽管火山口看起来就是一个洞口，但它可不是看起来这么简单。在火
山的平静期，由于没有岩浆喷出，且之前的岩浆因为冷却、凝固而收缩，火
山口就可能发生坍塌，形成一个碗状或者漏斗状的洼地，这个时候就形成了
"破火山口"。可别小看这个洼地，如果有雨水进入，那里就会形成湖泊，也
就是美丽的"天池"。最有名的可能要数我国的长白山天池了。火山口的湖
泊与众不同，因为它溶解了非常多的矿物质，因而会呈现出各种各样的颜色。
比如印度尼西亚佛罗勒斯岛上的克里穆图火山，就形成了三个不同的火山湖，

更神奇的是，这三个火山湖因为溶解了不同的矿物质而呈现不同的颜色，甚至每个湖的颜色还会随着时间变化，是名副其实的"三色湖"。瞧，大自然是多么神奇！

火山家族面面观

火山的历史和地球的历史一样悠久，在地球诞生之初就有火山的活动。不同的火山构成了一个很大的家族。到目前为止，我们了解到的都是火山家族的共同点，然而火山可不是千篇一律的，它们千姿百态、多种多样，每一名成员都有它的独特之处。有的活跃，也有的懒惰，有的暴躁，也有的文静，每一座火山都有每一座火山的个性。下面就让我们一起看看火山的大家族吧。

曾经的王者 —— 死火山

火山家族的第一类是曾经叱咤风云，而如今已经不再活动的火山，这就是"死火山"。有的死火山仍旧保持着火山的形态，圆锥形的山体巍然屹立，比如非洲的乞力马扎罗山，最高点海拔5895米。也有的不堪风雨的侵蚀，只剩下残缺不全的遗迹，我们依稀能够从中看到它们活跃时的辉煌，比如中国山西的大同火山群。

火山也会"休眠"吗？

火山家族的第二类是会"休眠"的火山。这类火山在人类的历史上曾经喷发过，但长期处于平静状态。它们保持了完整的火山形态和活动能力，但是非常"懒惰"。科学家们推测它们正处于"休眠"状态，所以称它们为"休眠火山"。比如我国的长白山，据史料记载，它曾于1597年、1668年、1702年等年份多次喷发，但当前没有任何喷发活动，只偶尔喷出一些高温气体，所以是正处于休眠状态的"休眠火山"。

现在的王者 —— 活火山

火山家族的第三类就是"活火山"了。它们在现代仍处于非常活跃的状态，也是对我们人类生活影响最大的火山。目前已经发现的活火山共有523座，其中陆地上有455座，海底有68座。意大利的埃特纳火山、维苏威火

山，印度尼西亚的喀拉喀托火山，非洲的尼拉贡戈火山等，都是著名的活火山。它们有的"温柔"，有的"暴躁"，但不管它们脾气怎么样，都会喷出火山灰和岩浆，影响人类的生活，甚至威胁人类的生存。因此，各个国家都在严密监测活火山的动向。

"最高"的火山

火山家族"身高"最高的要数夏威夷的冒纳罗亚火山，它的海拔高度约为4200米，看起来并不像是第一高的火山，那为什么说它是身高最高的呢？这是因为，海拔高度是从海平面算起的，而冒纳罗亚火山在海平面之下还有将近6000米，也就是说，它是站在了海底，只有上身露出了水面。如果从海底算起，它的身高竟然超过10000米，足足比珠穆朗玛峰高出1300多米，是名副其实的"世界第一高山"。

而"海拔"最高的火山，是位于阿根廷的阿空加瓜山。尽管它的"身高"不高，但是因为它站在巨人安第斯山脉的肩膀上，海拔就达到了6960米。不过它是一座死火山，如果要说海拔最高的活火山，则是位于阿根廷和智利边界的奥霍斯－德尔萨拉多峰，海拔约为 6890 米。它的火山口有一个湖，这个湖也就沾了光，顺理成章地成为世界上海拔最高的湖。

最活跃的火山

火山家族最活跃的一员是位于意大利西西里岛东北角的埃特纳火山，有记录的第一次喷发是在公元前 475 年，在接下来的近 2500 年里，埃特纳火山有记录的大大小小的喷发就有 500 多次。更可怕的是，它现在变得更加活跃，从几十年一次到几年一次，再到一年一次，2010 年以来甚至有一年多次喷发！为了防止火山突然的喷发给人们带来灾难，意大利政府建立了多个监测站，严密监测埃特纳火山的"小动作"。

最危险的火山

火山家族中最危险的可能就是美国的黄石公园超级火山了。也许地球历史上有过更大的火山，但大多数都已经停止活动，只有它还保持着旺盛的生命力。在 200 多万年里，它已经喷发了 3 次，每一次都极其猛烈。科学家们估计，它在 206 万年前的一次爆发中喷出了约 2450 立方千米的物质。如果这些物质全部堆在美国第一大城市纽约，高度可达 2000 米。更可怕的是，黄石公园超级火山保持着大约每 60 万年喷发一次的规律，而最近一次喷发是在 63.5 万年前，也就是说，它又进入了活跃期，想想也真是可怕呢！

混进来的冒牌货 —— 泥火山

在自然界里，还有一种叫作"泥火山"的现象。虽然名字里带有"火山"两个字，但实际上它并不是火山家族的成员。那么，什么是泥火山？为什么泥火山不是火山呢？

泥火山，顾名思义，指的是由泥组成的"火山"。地下的气体和泥浆在压力增大到一定程度后会喷出，泥浆在喷出口附近堆积，形成了圆锥形的小山丘，这就是泥火山，它的外表像极了火山锥。但是我们在前面学习到，火山家族的成员都是由火山锥、岩浆房、岩浆通道和火山口组成的，少了任何一部分都不能称为火山。泥火山只是外表像火山，而没有其他的特征，因此就不能算作火山家族的一员了。

一面魔鬼，一面天使

对于地球来说，火山就是普普通通的自然现象，早在地球诞生时就有火山的活动，它们在地球的演化过程中起到了巨大的作用。但是，对于地球上的生命，尤其是我们人类来说，火山就多少有些可怕了。火山的爆发曾经造成过生物大灭绝和人类某些文明的覆灭，对于我们来说更多的是一种灾难。但火山也不总是魔鬼般凶神恶煞的样子，它也有天使一样美丽动人的时候，那么就让我们一起来看看"一面魔鬼，一面天使"的火山。

消失的亚特兰蒂斯

不知道大家有没有听说过"消失的亚特兰蒂斯"的传说？亚特兰蒂斯文明是传说中非常先进的文明，最早在古希腊哲学家柏拉图的《对话录》中就有所描述。但是，这样一片富饶的土地却在一夜之间突然消失，沉入海底，留给世人无数的不解之谜。经过科学家的探索，传说中的亚特兰蒂斯很有可能就是希腊圣托里尼岛始于公元前2850年的米诺斯文明。公元前1450年左右，岛上圣托里尼火山爆发，引发了巨大的海啸，让这片土地沉入海底，高度发达的米诺斯文明也随之毁灭，让亚特兰蒂斯成了千古之谜。

魔鬼般可怕的火山

除了带来灭顶之灾，火山这个"恶魔"也经常骚扰人类的正常生活。火山爆发还会引发泥石流、滑坡、地震、海啸等灾害，尤其是火山爆发释放的火山灰，甚至能够改变大气成分和气候。比如，1985 年，哥伦比亚的鲁伊斯火山爆发，岩浆使得山顶的积雪融化，形成大规模的泥石流，造成 2 万多人丧生，几千人无家可归。2010 年，冰岛的艾雅法拉火山爆发，产生了大量火山灰。喷出的火山灰甚至蔓延到欧洲上空，导致整个欧洲的航空交通瘫痪。现如今，随着科学技术的发展，我们已经能够对一些即将发生的火山爆发做出预测，从而提前采取措施，保护大家的安全。相信总有一天，人类能够战胜火山这个"恶魔"！

美丽的火山

尽管火山会带给人类灾难，但火山也有它美丽动人的一面。说到这里，大家可能会想到日本的富士山。富士山是一座活火山，经常作为日本的象征出现在众多的艺术作品当中，在全世界广为人知。不论是樱花盛开的春季，满山红叶的秋季，还是白雪皑皑的冬季，富士山都吸引着来自世界各地的众

多游客。富士山也对日本的历史文化和文学创作产生了非常大的影响，甚至可以作为一种文化象征，由此可见富士山的独特地位。

在非洲也有这样一座"神山"，它就是大名鼎鼎的乞力马扎罗山。乞力马扎罗山位于坦桑尼亚东北部，最高点乌呼鲁峰海拔有 5895 米，是非洲的最高峰，因此也被称作"非洲屋脊"。最神奇的是，这座位于赤道上的火山，恰好也是一座雪山，山顶终年冰峰峭立，白雪皑皑，形成一道奇异的"赤道雪峰"景观！但不幸的是，由于全球变暖，山顶的冰雪在不断消融，已经萎缩了 80% 以上，终有一天我们会告别乞力马扎罗山独有的"赤道雪峰"奇观。

火山也是艺术家

其实，火山不仅自己美丽动人，还会形成很多其他优美的风景，就像艺术家一样打扮着大自然。大家还记得印度尼西亚的"三色湖"和我国的长白山天池吗？它们就是火山形成的火山口湖。除此之外，火山还能形成另一种湖，叫作"火山堰塞湖"，它是由于火山喷发出的熔岩堵住了某条河流，从而像天然水库一样蓄水形成的湖泊。黑龙江省黑河市的五大连池就是一个典型的火山堰塞湖，也

是我国第二大火山堰塞湖，而最大的堰塞湖则是黑龙江省牡丹江市的镜泊湖。火山喷发的熔岩在牡丹江吊水楼附近形成了约40米宽、12米高的提坝，拦截了牡丹江出口，形成了面积90多平方千米的堰塞湖。

把火山变成"超级大火炉"

如果大家觉得火山有美好的一面只是因为它们好看，那就大错特错了，因为它们除了美丽动人之外，还能无私地给予人类丰富的宝藏。

第一个来自火山的馈赠就是丰富的地热资源。我们在前面说到，有火山的地方一般都会有丰富的地热资源，不仅可以开发温泉，还可以建设地热发电站，通过高温的水蒸气发电。对于火山地热的开发利用，冰岛的科学家更加疯狂！他们选择直接在火山上方打井，把冷水灌进去，火山就像一个超级大火炉一样把水烧开，人们再把高温的水引出来用于发电，这种方法比普通的地热发电站效率更高。

来自火山的馈赠

除了地热，火山还带给人类很多其他的宝藏，那就是丰富的矿产资源。首先，火山在喷发时会带出很多有用的矿物，比如硫磺、硼矿和水银。如果这些矿物的含量足够大，就具有开采和利用的价值。有的火山甚至可以直接

喷出矿产。比如日本北海道的硫磺山就曾经喷出 2000 多吨硫磺，它也因此得名；还有智利的埃尔拉科铁矿，同样是火山喷发形成的，铁矿石的储量高达 10 亿吨。同时，火山产生的高温的热水也会溶解铜、锌、铁、钴、镍、金等矿物质，如果结晶出来，就可以被我们开采利用。而且，岩浆凝固形成的火山岩本身也可以作为建筑材料，有广泛的应用。随着近年来对海底火山的了解越来越多，人们打开了寻找矿物宝藏的新大门，海底很多矿产的形成都与火山密切相关。可以说，火山真的是一位"慷慨"的朋友！

地球的力量有多大?

大陆会漂移吗?

大家还记得我们在前面提到的魏格纳"拼地球"的故事吗? 非洲的西海岸和南美洲的东海岸竟然可以严丝合缝地拼在一起! 在人类之前的认识中,地球上大陆和大洋的位置似乎从一开始就是今天的样子,我们脚下的大陆是如此庞大和稳固,从来没有人想过大陆会不会"漂移",直到魏格纳的灵机一动改变了这一切,地球大陆和海洋变迁的秘密才被慢慢揭开。这个故事可谓充满了曲折,下面就让我们一起来看看魏格纳发现大陆漂移的传奇故事吧!

聪明的魏格纳

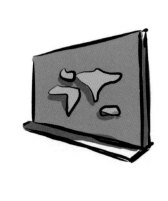

魏格纳于 1880 年出生于德国柏林,从小就对大自然充满了好奇,向往着有一天能够外出探险。他把英国著名探险家约翰·富兰克林当成心目中的偶像,希望能像他一样探索大自然的奥秘。

从小喜爱探险的魏格纳选择学习气象学,来为将来探险做准备。他在 25 岁时就获得了博士学位,并在 1906 年实现了少年时代的远大理想,加入了著名的丹麦探险队。长期的探险航行让他对地图了如指掌。

一个大胆的想法

1910年春的一天，躺在床上的魏格纳无意中扫了一眼墙上挂着的世界地图，一个奇妙的现象引起了他的注意：非洲的西海岸和南美洲的东海岸竟然能像拼图一样拼在一起！特别是巴西东端的直角突出部分，与非洲西岸凹入大陆的几内亚湾非常吻合！

这难道是偶然的巧合？聪明的魏格纳脑海里突然掠过一个大胆的想法：非洲大陆与南美洲大陆也许曾经就连在一起，是一个完整的大陆，后来由于某种原因，这个完整的大陆被分开了，形成了如今的非洲和南美洲！

如何证明自己的猜测？

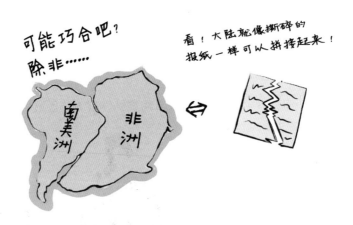

相信聪明的小朋友也像魏格纳一样，对这个奇妙的现象有着同样的思考。大陆就像碎纸片，如果两片恰好能拼在一起，那么它们可能曾经就连在一起。

这个大胆的猜测让魏格纳兴奋不已。但是，科学猜想都需要严谨的证据，更何况魏格纳的想法挑战了当时的"真理"，如果成立的话，就要改写人类对地球科学的认识。

魏格纳对他的想法有一个生动的比喻：如果两片报纸可以拼接起来，而且上面印刷的文字也可以连起来，那么我们就不得不承认，这两片报纸是由完整的一张报纸撕开得来的。现在，就让我们跟随大侦探魏格纳一起踏上找寻证据的旅程！

漂洋过海的动物?

魏格纳首先找到的证据是古生物的证据。

首先，一种毫不起眼的爬行动物中龙进入了魏格纳的视线。中龙虽然名字里有"龙"，但它不是一种恐龙，而是一种小型的爬行动物，只能生活在河川、溪流等陆地淡水中，类似于我们今天的鳄鱼。人们在巴西和南非同一时代的地层中找到了中龙的化石，而在其他大陆上，都未曾找到这种动物化石。也就是说，在淡水中生活的中龙，在同一时间出现在相隔整个大西洋的巴西和南非，难道不适应咸水的它们用弱小的身躯，游过了由咸水组成的茫茫大西洋？

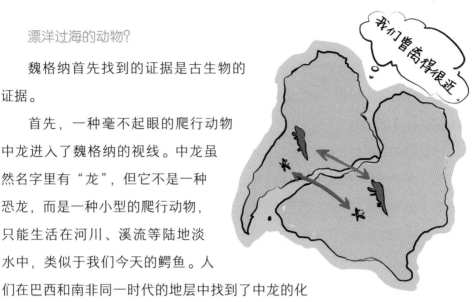

更有趣的是，魏格纳注意到一种蜗牛，它们既出现在德国和英国等地，也出现在大西洋对岸的北美洲。大家都知道蜗牛素以步履缓慢著称，应该比中龙更讨厌咸水和长途跋涉，可它们居然也有本事跨过茫茫大西洋？这显然是不合乎常理的！

魏格纳的解释

如果说蜗牛还有一定迁徙能力的话，那么下面这名"选手"甚至都无法移动，它就是蕨类植物舌羊齿。舌羊齿也同中龙一样，广泛分布在南美洲、非洲等地同一时代的地层当中。这又该如何解释呢？

在魏格纳之前，科学家们认为有陆地连接着非洲和南美洲，这片陆地就像一座桥梁，动物和植物沿着这座"桥"千里跋涉，到达大西洋对岸，而后来这些陆地沉没到海水之下，两边被完全分隔开。这样的解释多少有些让人难以信服，而魏格纳是这样解释的：这些动物和植物本就生活在一个完整的大陆上，直到后来这块大陆分裂，向不同方向漂移，这些动植物才各奔东西，隔"洋"相望。看，这样的解释多么简洁和优雅！

赤道附近的冰川?

大家有没有注意到地球上现今的冰川都在哪里？其实，不论是现今的冰川，还是远古的冰川，都一定是在很高很高的山上，或者南北两极，因为只有这些地方温度绝大多数时候都低于 0℃，冰雪不会融化。

聪明的魏格纳也注意到了这个规律。他找来科学家们对远古冰川的研究资料，经过仔细地阅读和对比，有了一个惊人的发现！3 亿年前，在南美洲、非洲、澳大利亚和印度，甚至赤道附近的地方都有冰川活动留下的痕迹，而且从这些冰川的一些特征来看，它们不可能是形成于高山的冰川，而是形成于极地的冰川！

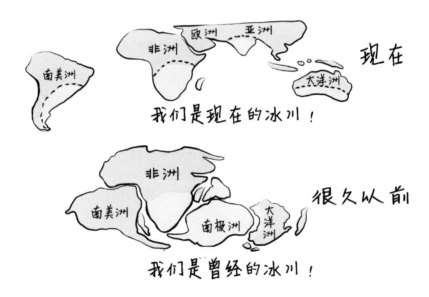

魏格纳的解释

那么问题来了，这些地方为什么会有极地冰川活动的痕迹？难道这是大自然的"恶作剧"？地质学家也对此一筹莫展。魏格纳深知大自然不可能有"恶作剧"这一说，一切现象不管有多离奇，背后一定有科学的道理，而如果大陆可以漂移的话，一切问题都会迎刃而解！

在魏格纳看来，这些出现远古冰川的大陆在 3 亿年前曾是连在一起的，而且整个大陆位于南极附近，因此才会有极地冰川的痕迹。后来，整个大陆分裂，各部分向不同方向漂移开去，逐渐漂移到现今的赤道附近。

真相只有一个

3亿年前大陆是在一起的，现在分开了！

你说的不对！

如果说探索大自然是一场侦探游戏，那么魏格纳大侦探距离真相越来越近了！不论是动植物，还是冰川等现象，证据似乎已经很充分，魏格纳对抓住"大陆漂移"这个"罪魁祸首"有了十足的把握。于是，他在1912年正式提出了"大陆漂移假说"，并用了3年时间把自己的思考与研究浓缩成他的代表作——《海陆的起源》，详细介绍了他的理论和求证过程。

那么"大侦探"魏格纳认为"大陆漂移"是如何"作案"的呢？简单来说，古代大陆是一个整体，而后分裂，大陆的各个部分因为漂移而分开，分开的部分形成新的大陆，大陆之间出现了大洋。

魏格纳特立独行的观点立刻震动了当时的科学界，但是招致的怀疑和攻击远远多于支持，因为千百年来，在人类对地球的认知当中，大陆和大洋的位置是绝对不变的，用一个全新的理论去挑战绝对主流的观点，必然招致怀疑和攻击。但是魏格纳没有退缩。探索真理需要智慧，而坚持真理需要很大的勇气！

魏格纳的困惑

其实大家对"大陆漂移假说"的质疑并不是没有依据的，尽管魏格纳给出了许许多多证据，但是没能说明，究竟是什么力量在推动大陆运动。也就是说，尽管有证据，但是没有"作案动机"，人们还不能把大陆漂移"捉拿归案"。

那么，究竟是什么力量在推动大陆，让它们漂移那么远的距离呢？魏格纳首先猜测是潮汐。我们知道，沿海的地方在一天中的某一个时刻，海水会升高，大量的海水涌向陆地，把岸边淹没，而且每天都会发生，从不间断，这就是潮汐。魏格纳觉得涨潮时海水撞击陆地有可能引起极其微小的运动，尽管运动的距离很小，人类甚至无法察觉，但如果经历亿万年的日积月累，也有可能使巨大的陆地漂到远方。魏格纳还猜测，可能是太阳和月亮的引力，因为既然它们的引力能够引起海水的运动，形成潮汐，那么也有可能引起大陆的漂移。

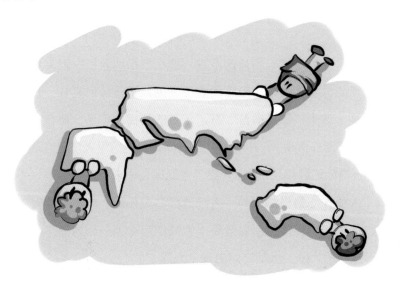

人们不相信大陆会"漂移"

根据魏格纳的这些猜测，当时的物理学家立即开始计算，算出要让大陆运动需要多大的力量。结果发现，不论是潮汐的力量，还是太阳和月亮的引力，都实在是太小了，根本无法推动广袤的大陆。于是由于缺乏"动机"，人们还是不愿相信大陆是可以发生漂移的。甚至有人开玩笑说，大陆漂移只是一个"大诗人的梦"而已。

在"大陆漂移假说"已经被广泛接受的今天，我们无法想象魏格纳在当时承受了多少质疑和嘲笑。他毕生寻求真理，勇于探索，大胆猜想，严谨求证，这种为科学真理奉献终生的精神值得我们学习！尽管魏格纳的假说在当时没有被大家接受，但他还是启发和激励了一大批科学家，探索大陆和海洋演化的奥秘，这就是我们接下来的故事了。

发生在海底的秘密

时间来到了第二次世界大战期间，由于军事上的需要，很多国家都加强了对海洋的研究。当时人们还没有能力直接下潜到数千米深的海底一探究竟，只能借助声呐等探测技术，对海底的形态进行刻画。就这样，人们积累了非常丰富的有关海底形态的资料，凭借这些资料人类才得以一探大洋形成与演化的奥秘。在这个过程中，不得不提到美国的一位科学家 —— 赫斯。

没有"头"的山

赫斯先生最初是普林斯顿大学的一名老师。第二次世界大战爆发后，他应征加入海军，成了"开普·约翰逊"号的舰长。这位科学家出身的舰长在巡

逻的时候，还不忘用舰上当时最先进的声呐系统，对海底进行探测。在这个过程中，有一种奇特的现象引起了赫斯的注意。

在大洋的底部，有许多像火山锥一样的山体，但是它们和普通的山有一个很大的区别，那就是山的顶部没有山尖，而是一个直径达数千米的平台。这就非常奇怪了，因为在我们的印象当中，山都有山顶，没有山顶就相当于山没有"头"。连续发现了很多座海底"无头山"之后，赫斯感到大惑不解。究竟是什么原因使得海底的这些山变成了"无头"的平顶山呢？别着急，我们继续往下看。

大西洋海底的"山脉"

其实在赫斯之前，人们就已经开始了对海底的探索。早在 19 世纪 70 年代，为了在海底铺设一条连接欧洲和北美洲的跨大西洋电报电缆，人们需要了解大西洋海水的深度。那时候还没有比较先进的探测仪器，英国的"挑战者"号探险船就把结实的绳子一端绑上铁块沉入海水中，来测量海水的深度。尽管这种方法十分简陋，大家还是发现，大西洋中部的海水居然比周边更浅！一般来说，越远离陆地，海水应该越深才对呀，难道在大西洋中间有一座山？就这样，人类意识到大西洋中部有一条南北向的山脊。

到了 20 世纪，利用回声原理探测海水深度的技术已经比较成熟了。1925—1927 年，德国的"流星"号探测船用电子回声对大西洋中部的山脊进行了详细的测绘，发现它从北极圈附近的冰岛开始，向南一直延伸到南极附近，绵延近 16000 千米，比人类已知的陆地上最长的山脉安第斯山脉还要长！

大洋的脊梁

如果大西洋海底存在山脉，那么印度洋、太平洋是不是也有？这个问题马上就被提了出来。20 世纪 30 年代末，人们又相继在印度洋和东太平洋发现了同样绵延的山脊。更惊人的是，人们发现这些山脊竟然相互连接，构成了一个巨大的环球山系，绵延近 80000 千米。要知道，地球赤道的周长才 40000 千米！

这些山脊构成了我们地球上最壮观的景象。它们就像是大洋的脊梁，所以人们也把这些山脊叫作"大洋中脊"。那么，大洋中脊有什么特别之处呢？它与海底平顶山又有什么关系呢？别着急，我们接着往下看！

世界上最深的地方

如果要问大家，世界上最深的地方是哪里，大家一定知道是马里亚纳海沟。它位于北太平洋西部，最深处约 11000 米深。如果把陆地上最高的珠穆朗玛峰放进去，它都会淹没在海面以下 2000 多米。马里亚纳海沟毫无疑问是地球上最深的地方。

就如同人类从来没有停止过对珠穆朗玛峰的攀登，人类也没有停止过对地球最深处的探索。不同的是，有不少登山家成功征服了珠穆朗玛峰，但敢于挑战马里亚纳海沟的却没有几个。直到1960年，美国海军"的里亚斯特"号深潜器才创造了潜入海沟10916米的世界纪录。

全世界除了马里亚纳海沟，还有汤加海沟、日本海沟、千岛海沟、菲律宾海沟、克马德克海沟最大深度超过10000米，其余的海沟最大深度也都超过5000米。要知道，全球大洋的平均水深才只有大约3800米！

年轻的海底

在地质学的研究中，科学家们可以通过放射性同位素测得岩石的年龄，这项技术也被应用到测定海底岩石的年龄上。随着研究的深入，科学家们惊奇地发现，海底的岩石竟然出奇地"年轻"，一般都不超过2亿年。相比之下，大陆最老的岩石则超过40亿年！

而且科学家们发现，不论是在哪一个大洋，在距离大洋中脊很近的地方，岩石年龄都比较小，而在远离大洋中脊、靠近海沟的地方，岩石年龄都大得多！

海底平顶山、大洋中脊、海沟、海底，它们之间似乎有着某种神秘的联系。让我们来看看赫斯舰长的故事怎么说！

海底在扩张！

我们知道，在地球内部很深的地方温度很高，岩石在那里会被熔化，变成岩浆。而大洋中脊是由连绵不绝的火山组成的，火山的岩浆从大洋中脊涌出来，冷却之后变成新的海底，并且把之前形成的海底向两侧推开。源源不断的岩浆从大洋中脊涌出，海底就这样不断地扩张着。

海底也在消亡！

但是，海底又不能无限制地扩张，这个时候就轮到海沟发挥作用了！大家可能已经注意到，海沟都在靠近大陆的地方，当老的海底被推着撞到大陆时，由于大陆的阻挡，它们只能乖乖地沿着海沟钻到大陆下面去，回到地球的内部，所以海沟就成了地球上最深的地方。

就这样，海底周而复始地重复着上面的"生命历程"，大洋中脊是海底"出生"的地方，而海沟则是海底"消亡"的地方。海底这"一生"最长通常不过2亿年，因此我们基本上找不到比2亿年更老的海底。看，我们把一切都串联起来了！

海底"无头山"的形成

而神秘的海底"无头山"究竟是怎么一回事呢？其实它们最初就是普通的海底火山，只不过一开始靠近大洋中脊，山顶在海面之上。在经历了数百万年风浪的拍击后，火山被削去了山尖，就这样不幸变成了"无头山"。然后，它们由被推移着的海底驮着慢慢靠近海沟，水深逐渐变大，"无头山"就慢慢沉入海底，最终变成水下大约2000米深处的"海底平顶山"。

赫斯舰长发现"海底扩张"的故事为我们揭开了发生在海底的秘密，告诉我们海底是如何生长和消亡的，更重要的是，它还回答了魏格纳没能回答的问题——是谁在推着大陆运动！

由板块组成的地球

从魏格纳提出"大陆漂移"到赫斯提出"海底扩张"，人类发现了地球更多的秘密。看似不可撼动的大陆并不是一动不动，海面之下也有着惊人的秘密。科学家们就在想，这一切现象的背后，是不是有着相同的原因？就这样，一个划时代的学说呼之欲出！

什么是"板块"?

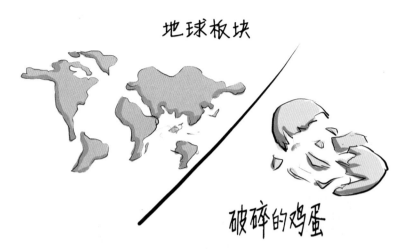

时间来到了 1968 年，剑桥大学的麦肯齐和派克、普林斯顿大学的摩根，以及拉蒙特观测所的勒皮雄等人"站在巨人的肩膀上"，综合了魏格纳、赫斯和其他很多科学家的研究成果，提出了一种新的学说——"板块构造学说"。自此，人类对地球运动的认识进入了一个全新的时代。

那么，什么是板块呢？我们知道，地球最外面有一层坚固的"壳"，那就是岩石圈。我们经常把地球比喻成一个煮熟的鸡蛋，那岩石圈是像鸡蛋壳一样完整而没有破碎吗？其实并不是的！地球的岩石圈更像一个"破碎的蛋壳"，"板块"就相当于蛋壳的一个个碎片。只不过，地球的岩石圈碎成了六个大碎片和二十多个小碎片，对应着地球的六大板块——亚欧板块、太平洋板块、非洲板块、美洲板块、印度洋板块和南极洲板块，以及散布在大板块之间的二十多个小板块。

是谁把地球"磕破"了？

其实并没有哪位神仙把地球"磕破"，岩石圈破碎更像是小鸡破壳而出。我们知道，地核温度非常高，就像一个大火炉，而地幔就像被这个大火炉烧开的水，里面不断发生着剧烈的对流运动。地球的岩石圈相比于地幔来说就像薄薄一层纸，根本无力抵抗地幔物质的冲击，很容易就被运动着的地幔物质"撕开"。

板块其实就是"小船"

现在我们知道了，板块其实就是地球岩石圈的"碎片"，在它的下面有不断发生着对流运动的地幔，板块漂浮在地幔之上。板块就像小船，地幔就像水流，板块在地幔物质的带动下发生运动，它们会相互摩擦，也会相互碰撞，这就是"板块构造"！

瞧，是不是很简单！其实板块的运动并不是随心所欲的，它的运动刚好对应了大洋从孕育到诞生，从成熟到消亡的"一生"。

大洋的一生之"漫长孕育"

当不甘寂寞的地幔物质向上运动，撕开原本完整的一片大陆时，新大洋的生命旅程就此开始。这个时候，地球的岩石圈只被撕开了一条缝，形成很长、很窄的裂谷，东非大裂谷就是这一阶段的典型代表。但这个时候裂谷中还没有水，大洋还处在它的"胚胎期"。

大洋的一生之"茁壮成长"

随着这条裂谷不断扩大和加深，慢慢地就有水进来了，原本的裂谷就变成了海。但这个时候的海很小，跟大洋相比只能算小孩子。比如非洲和阿拉伯半岛之间的红海，它也是从没有水的裂谷逐渐"成长"起来的。只不过，它的年龄只有大约 2000 万年，平均水深只有大约 500 米，面积只有 40 多万平方千米。因此，这一阶段是大洋的"幼年期"。

出生

茁壮成长

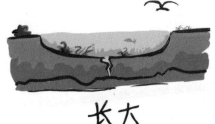
长大

大洋的一生之"长大成人"

小孩子会长大成人，大洋也是如此。从浅到深，从窄到宽，从小到大，

一步步走向成熟，最终变成一望无际的大洋。大洋从幼年步入成年的标志就是大洋中脊的出现。现如今，大西洋已经是一个成熟的大洋，面积为9336.3万平方千米，约占世界海洋总面积的25%，平均深度约3600米。大家把大西洋与前面说到的红海比较一下，就知道成熟的大洋有多大了！也许，红海有一天也会成长为像大西洋一样的"巨人"！

大洋的一生之"英雄迟暮"

当然，大洋也不可能无限制地扩大，海沟的出现标志着大洋即将进入"衰退期"。我们知道，新的海底不断从大洋中脊产生，而海沟会"吃掉"最老的海底。这样一来，海沟的出现就会让大洋扩张的速度越来越慢，当海沟吃掉的海底比大洋中脊新生的海底还要多时，大洋就会逐渐缩小。我们的太平洋面积近18000万平方千米，几乎是两个大西洋的面积；但是由于太平洋有很多活跃的海沟，已经步入"衰退期"，它的面积也在不断缩小，总有一天会交出"世界第一大洋"的宝座。

大洋的一生之"挥手告别"

在大洋缩小时，大洋中脊也会慢慢停止活动。在没有新生海底补充的情况下，大洋面积会迅速缩小，进入"残余期"。这一阶段的代表是地中海。它曾经是世界第一大洋，后来才被太平洋取代。现如今地中海残存在大西洋和太平洋之间，只有大约250万平方千米，颇有"退隐江湖，英雄迟暮"的沧桑。地中海最终会步入"消亡期"，到那时，两侧的大陆碰撞在一起形成高大的山脉，我们只能从一些痕迹看出那里曾经也是无边无际的大洋。不过，海有海的广阔，山有山的巍峨，谁能想象如今的珠穆朗玛峰曾经也是一片汪洋大海呢？一种美的逝去恰好是另一种美的诞生，瞧，大自然的魅力是多么无穷无尽呀！

探秘大地的震动

大地为何会震动？

大家猜一猜，地球一年要发生多少次地震呢？100次？1000次？还是10000次？其实都不是，地球上每年要发生500万次地震！也就是说，平均每天要发生15000次地震！但是，我们并没有感觉到有这么多地震，这究竟是怎么一回事呢？

其实，尽管地球上每天会发生这么多次地震，但我们人类能感觉到的地震每年大约只有50000次。其中，能够造成破坏并出现在新闻报道里的大约只有1000次，而且这些地震大多集中在容易发生地震的地方，所以就给我们一种"地震似乎没有那么多"的错觉。那么地球上为什么会发生地震呢？

掰筷子

大家回忆一下，当我们用力去掰一根筷子的时候，会发生什么样的现象呢？首先，筷子会变得越来越弯，如果我们继续用力，随着"啪"的一声，筷子就会断掉，这个时候我们的手会感觉到明显的震动。其实，地震的发生也是同样的道理。

为什么会发生地震？

地球表面的岩石是有弹性的，就像前面提到的筷子一样。地球内部物质的运动，比如板块之间的相互挤压，会产生巨大的力量，像我们掰弯筷子一样把坚硬的岩石"掰弯"。弯曲的岩石会积累大量的能量，当弯曲的程度超过岩石所能承受的极限时，岩石就会像筷子断开一样发生破裂，把积累的能量统统释放出来，这个时候地震就发生了。

如何说清地震的位置？

在关于地震的新闻报道中，我们经常听到"震源""震中"等名词，它们又是什么意思呢？简单来说，岩石发生破裂的地方就是"震源"。震源一般都在地下很深的地方，它的深度就是我们所说的"震源深度"，在震源的正上方、对应的地表的位置就是"震中"。由于震源的位置一般不太方便描述，而震中可以用经度和纬度来表示，震源深度可以用多少千米来描述，所以新闻报道一般就只说震中在哪里，震源深度有多少，通过这两个词我们就能很方便地确定震源的位置了。

地震的"大"与"小"

现在我们知道该如何描述地震的位置了，那么我们应该怎样描述地震的大小呢？大家应该听说过"震级"这个名词，它就是我们用来表示地震能量大小的数值。

根据震级的大小，我们可以把地震分成几类：震级小于3级的地震叫作"弱震"，大于3级而小于4.5级的地震叫作"有感地震"，这个级别的地震我们就能够感受到它的发生了。如果震级大于4.5级而小于6级，我们叫它"中强震"，这个级别的地震已经具备潜在的破坏能力。震级大于6级的地震叫作"强震"，大于8级的地震叫作"巨大地震"，它们一般都有非常大的破坏力，往往会带来巨大的灾难。

地震的"强"与"弱"

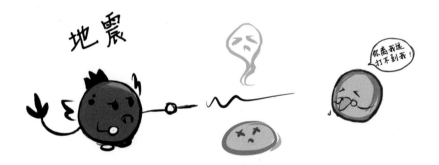

震级反映了地震能量的大小。一般情况下，震级越大，破坏力越强，但是对于一次地震来说，震级只有一个，而在震中和远离震中的地方，它们受到破坏的程度显然是不同的，用震级就不太能反映地震破坏力的强弱。因此，我们需要另一个指标来表示地震的破坏力，这就是"烈度"。

影响地震烈度的因素很多，最主要的就是地震的震级：震级越大，烈度一般也越大。震源深度也会影响烈度。如果地震发生在地下很深的地方，它对地面造成的破坏就小，烈度也就相对较小。同时，距离震中越远，如同在距离灯泡越远的地方光线越暗一样，地震能量衰减越多，破坏力越弱。此外，建筑物的抗震性能也会影响烈度。建筑物建得越结实，地震所能造成的破坏自然就越小。

地震也爱"凑热闹"

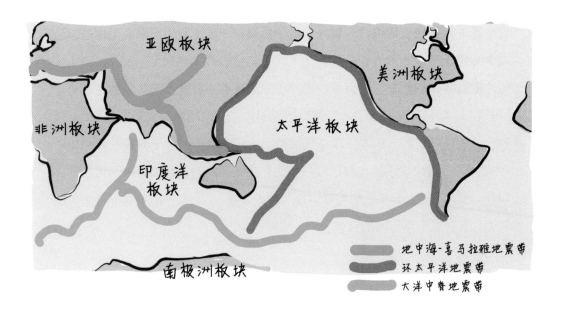

尽管地震在世界各地都有发生，但它们也不是一点规律都没有的。地震
会集中发生在地球上某些特定的地方，这些地方相比于其他地方，地震的发
生次数更多，震级更大，因此我们把它们称作"地震带"。全球一共有三个主
要的地震带。

最大的地震带

最大的地震带是"环太平洋地震带"。从它的名字就可以知道，这个地
震带是围绕着太平洋沿岸的。这条地震带集中了世界上80%的地震，7级以
上的地震数不胜数。全球绝大部分特大地震也都发生在这里，比如1906年
旧金山大地震、1960年智利大地震、2011年日本大地震等。为什么会这样
呢？这是因为，太平洋板块是地球上最活跃的板块，它的运动强烈挤压周围
的板块，造就了这条最活跃的地震带。

横跨亚欧大陆的地震带

第二条地震带叫作"地中海 — 喜马拉雅地震带",又称"欧亚地震带"。这里是非洲板块、印度洋板块与亚欧板块相遇的地方。非洲板块和印度洋板块向北撞上了庞大的亚欧板块,因此也会有比较多的地震发生。比如,我国2008年汶川大地震、2010年玉树大地震都发生在这条地震带上。

最长的地震带

如果要说最长的地震带,那一定是"大洋中脊地震带"。还记得我们之前提到大洋中脊有多长吗?足足有80000千米!"最长地震带"的称号非它莫属。大洋中脊是非常活跃的地方,那里有岩浆源源不断地涌出。岩浆把老的大洋地壳推向两边,形成新的大洋地壳,在这个过程中也会有地震的发生。但那里的地震震级通常都很小,而且它们发生在大洋海底、远离人类居住的地方,因此一般不会给人类带来灾难。套用一句诗就是:"轻轻的我走了,正如我轻轻的来;我轻轻的招手,不造成一点破坏!"

地震如何造成破坏?

当大地震来临时，房屋倒塌，地动山摇，即便是千里之外的地方也可能会受到影响。那么，地震是如何造成这些破坏的呢？

其实，地震造成破坏的原理与爆炸有几分相似。当炸药爆炸时，它的一部分能量会转化为冲击波，冲击波向周围扩散。如果房屋等建筑物承受不了冲击波的威力，就会被破坏，地震也是如此。当地震发生时，它的一部分能量也会转化为冲击波，我们把它叫作"地震波"。地震释放的能量就以地震波的形式传播，如果房屋等建筑物承受不了地震波的威力，就会产生裂缝甚至倒塌。

地震波"三兄弟"

地震波有"三兄弟"。老大叫作"纵波"，它跑得最快，在地壳中的传播速度大约为 5.5～7 千米/秒。它在地震发生后最先到达，但是它的破坏力最弱。老二叫作"横波"，在地壳中的传播速度大约为 3～4 千米/秒。它的破坏力要比老大纵波强。破坏力最强的是小弟"面波"，它就像把石子丢进水里后在水面激起的波浪，能够引起剧烈的摇晃。面波的速度最慢，但是破坏力最强，是造成房屋等建筑物强烈破坏的最主要因素。

不可小视的余震

一次地震的持续时间一般在几十秒，如果你认为安全渡过这几十秒就万事大吉的话，那就大错特错了，因为接下来很可能还有十几次，甚至几十次地震将要发生。一般来说，地震发生时，最先到来的地震总是来势汹汹，震级最高，能量最大，就像随后发生的一些小地震的大哥，我们称它为"主震"。而随后发生的那些震级较小的地震，我们称它们为"余震"。

特大地震一般都会伴随一些震级很高的余震，它们同样可能产生比较大的破坏。尤其是在主震过后，房屋等建筑物已经变得很脆弱了，如果这个时候余震再来"火上浇油"，只会让灾难变得更大。比如，1976 年唐山 7.8 级地震之后，紧接着在同一天就发生了 6.5 级和 7.1 级的余震。这两次余震对于本就满目疮痍的灾区来说无疑是雪上加霜。所以，我们千万不能小看大震过后的余震！

余震有什么特点?

余震最主要的特点是,震级和次数与主震密切相关:主震的震级越高,余震就越活跃,震级高,次数多。比如 2008 年汶川 8.0 级地震之后短短 12 天里,共发生余震 7904 次,最大余震震级达到了 6.1 级。余震有的持续几个月,而有的可能持续几年甚至更长时间。比如日本在 2011 年发生了 9.0 级地震,时隔 5 年之后的 2016 年,在同样的位置又发生了 7 级以上的地震。这次地震就是 2011 年地震的一次余震,由于当时是 9.0 级的大地震,因此影响时间长,尽管过去了 5 年,余震仍然活跃。现如今,唐山地区仍会有 3～4 级的余震发生,这距离唐山 1976 年 7.8 级地震已经有 40 多年了!

地震灾害的"帮凶"——火灾

地震能够造成巨大破坏还有一个重要原因,那就是它有很多"帮凶"!地震的"帮凶"也叫作地震的"次生灾害",其中最直接的就是地震引发的火灾。在地震发生后,房屋设施普遍会受到破坏,而一旦安全保护设施被破坏,就很有可能引发火灾。比如地下天然气管道泄漏遇到明火,输电线路短路,供热锅炉爆炸,等等。一些存放易燃易爆物质的地方,如加油站、液化气站

等更是危险。加上地震过后消防输水系统同样遭受破坏，火灾发生后几乎无法控制火势，只能眼看着火势越烧越大。比如1906年旧金山大地震发生后，瞬间就有50多处失火。由于供水系统瘫痪，火势越来越大，连烧三天三夜，有2.8万栋房屋被烧毁，损失巨大。

地震灾害的"帮凶"——海啸

地震另一个可怕的"帮凶"是海啸。如果地震发生在靠近大洋的地方，或发生在海底，就有可能掀起巨大的海浪。这些海浪会以接近每小时1000千米的速度向沿海地区扑来，登陆时掀起几十米高的巨浪，横扫遇到的一切，沿海城市和村庄瞬间消失在滔天的巨浪里，当海水褪去，只剩下一片狼藉。2004年，印度洋海底发生了9.0级的大地震，地震立即引发了巨大的海啸，席卷印度尼西亚等地，共计造成近30万人死亡，甚至远在印度洋对岸的非洲东海岸都有人员伤亡。好在现如今，沿海国家大都建立了海啸预警系统，一旦有海啸发生，就会及时发出预警，疏散人群，拯救成千上万的生命。

地震灾害的"帮凶"——崩塌和滑坡

如果地震发生在陆地上，就会有另两个"帮凶"——崩塌和滑坡。地震发生后，由于"地裂"引发强烈的震动，山体会在不断摇晃的过程中逐渐变得松散不稳定，进而发生崩塌和滑坡，也就是"山崩"。这类次生灾害一般发生在山区，会导致道路中断，给抢险救灾造成很大的麻烦。而且，如果你认为地震结束后就没有崩塌和滑坡的危险，那就又错了！在地震中变得松散不稳定而又暂时没有发生崩塌和滑坡的山体，变成了一颗可能随时爆炸的"炸弹"，如果后来遇到余震或者降雨，仍有可能发生崩塌和滑坡，再次造成破坏。地震引发的这种"后遗症"往往需要几年甚至十几年的时间才能"康复"。

地震可以预测吗？

突如其来的地震往往给人类带来巨大的灾难，那难道我们就不能提前预知地震的发生吗？遗憾的是，在现有的技术下，人类还不能预测地震，更无法准确知道地震发生的时间和地点。有句俗话叫作"上天容易下地难",人类可以发射气象卫星时刻监视天气变化,却无法深入地下监测地球内部的变化。不过,即使是在如今的科技水平下,人类对天气的预报准确率也只有80%左右,更不用说要去预测地下发生的事情了。

第四部分

雕刻地球的容貌

是什么改变了地球的容貌？

我们在前面学习了板块的运动，大陆漂移、海洋的生长和消亡、地震、火山的爆发，这些变化都根源于地球内部能量引发的地壳运动，我们可以将它们统称为内动力地质作用。既然有内动力地质作用，那么有没有外动力地质作用呢？答案是肯定的。外动力地质作用是什么呢？它是怎样发生的，又是怎样改变地球的呢？我们不妨一起来探究一下吧！

是谁在雕刻地球？

在约 46 亿年的漫长岁月中，地球像母亲般孕育出了包括我们人类在内的百万种生物，又像魔法师一样为我们提供了舒适漂亮的家园。这家园有呼啸而过的狂风，有奔涌不息的河流，有蜿蜒滋润的地下水，有波涛汹涌的大海，还有缓慢移动的冰川。这种种奇妙的力量从地球形成之初便作用在地球表面，不间断地改变着地表形态。比如，风雨把陡峭的山峰磨去棱角，奔腾的河流在高耸的山脉间冲刷出气势恢宏的大峡谷，蜿蜒的地下水把地下世界溶出大小不一的溶洞，澎湃的波浪堆积出广阔柔软的沙滩，巨型的冰川在地面犁出一道道沟壑。

　　地质学家把这些由地球外部力量引发，使得地球表面形态发生变化的作用称为外动力地质作用。外动力地质作用的结果是地球表面趋于平坦。那引发外动力地质作用的力量究竟有哪些呢？外动力地质作用的具体形式又有哪些呢？

雕刻地球的神秘力量

　　引发外动力地质作用，促使地球表面发生变化的神秘力量既不是外星人的超能力，也不是各路神仙的超强法力，而是我们刚刚提到的几种自然力量：风、流水、地下水、海洋以及冰川，是它们把地球表面雕刻得姿态万千、异彩纷呈，让人不禁感叹大自然的鬼斧神工以及人类的渺小。

"滴水穿石"的持续改造

　　大自然不是一成不变的，地球无时无刻不在发生着变化；但我们观察公园里的石头，它们经历了狂风暴雨，风吹日晒，为何并没有什么显著变化

滴水穿石

呢？这是因为，我们观察的时间太短了。就像"滴水穿石"的故事一样，下落的小水滴要把石头打穿可不是一朝一夕的事，而需要年复一年的累积。数据显示，地球的最高峰珠穆朗玛峰仍以每年几厘米的速度在升高，这不仅说明地球上的一切都在不停地发生着变化，也说明地球环境的变化并不是在短时间内就可以完成的，往往是经历了数百万年，才最终造就了沧海桑田般的巨变。同样，风、流水、地下水、海洋以及冰川等也在坚持不懈地改变着地球，在漫长的时间长河里对地球进行着精雕细琢。可以说，外动力地质作用无时无刻不在发生。

是时候见识一下神秘力量的强大了！

我们已经了解了外动力地质作用的几种神秘力量是什么，接下来便要探讨一下：这几种神秘力量究竟是怎样以"滴水穿石"的毅力，坚持不懈地作用在地球表面，使其发生变化的呢？科学家们为我们解开了疑惑：风化、侵蚀、沉积便是它们的独特"技能"。这三种独特技能就是外动力地质作用的具体形式。这三种外动力地质作用巧妙结合，让我们见识到了神秘力量的强大。那我们一起来认识一下这三种独特技能吧！

无孔不入的风化作用

当我们爬山或在公园游玩时，就会发现，除了那些奇形怪状的大型石块外，还随处可见一些散落在地上的大小不一的碎石。我们很自然会想到这些碎石应该是大石块破碎后形成的。那么是什么让完整的石头"粉身碎骨"了呢？除了人类活动，我们前面提到的五种自然力量引发的风化作用是更主要的原因。

地球表面裸露在外的坚硬岩石，会在水、风力等自然力量的作用下不断地磨损，最终被碾磨成细小的碎片，并在原地形成松散堆积物。这个过程被称为风化作用。

风化作用有哪些？

根据风化作用的因素和性质，我们可将其分为三种类型：物理风化作用、化学风化作用和生物风化作用。这三种风化作用有什么不同呢？物理风化和化学风化的根本不同点在于岩石中的矿物成分是否发生改变，是否产生新的物质。我们在化学课中学过物理变化和化学变化。"只要功夫深，铁杵磨成针"是我们最熟悉的物理变化，磨杵成针的过程没有新物质产生，依然只有铁；而"死灰复燃"就不一样了，燃烧的过程会产生二氧化碳，新物质的产生决定了这是一个化学变化。物理风化和化学风化也是类似的。那生物风化又是什么呢？那就让我们来一起认识一下物理风化、化学风化与生物风化吧！

石头也怕晒太阳

物理风化主要包括温差风化和冻融风化两种类型。通过它们的名字我们

就知道，物理风化一定与温度有关，快来看一下温度是怎样影响物理风化的吧！

在我国的新疆吐鲁番地区，有"早穿皮袄午穿纱，围着火炉吃西瓜"的说法，这是因为当地的昼夜温差实在是太大了，甚至可以达到近30℃，所以人们会根据温度的高低适当增减衣服。但野外暴露的岩石可就没有这么幸运了。在沙漠等昼夜温差较大的地方，根据热胀冷缩原理，岩石在日间受热膨胀，在晚间冷却收缩，急剧的变化使得岩石外层受力而变得脆弱，并以薄片状态脱落，就像洋葱被层层剥去外皮一样。这就是所谓的温差风化。

冰的力量有多大？

如果我们将瓶子装满水后放到冰箱里让水结冰，会发现水结成冰后会发生膨胀，甚至会将瓶子胀破。这是因为当水结冰时，它的体积会增大约9%。那么，当石头缝隙中的水结冰后会发生什么呢？由于有些岩石内部本身存在

大量细孔，它们会像海绵吸水一样吸收很多水分。细孔中的水分不断凝结，在低温的环境下结成冰晶，冰晶膨胀产生的力量压迫岩石，使其越来越脆弱，最后分裂成碎石。

除了岩石自身的细孔，岩石的裂缝中也会贮存水分。当温度降低至冰点，缝隙中的水会结成冰，结冰产生的膨胀会导致岩石的裂缝变宽。变宽了的裂缝会让更多的水进入，这些水结冰后又会导致岩石的裂缝变得更宽。久而久之，岩石会沿着裂缝，由大块变成小块，由小块变成砂，由砂变成土。这个由水结冰最终导致岩石破碎的过程被称为冻融风化。这样看来，看似坚硬的岩石也并不是坚不可摧的哦！

神奇的化学风化

在1000多年前，埃及人用同样的岩石雕刻了两座相同的方尖碑，随后的近1000年里，它们一起矗立在埃及，并未产生太大的差别。在1881年，人们将其中的一座方尖碑运送到纽约。后来，人们发现，在纽约的方尖碑老化的速度似乎加快了，碑上的文字在短短百年间已经消失，石碑也残破不堪。相反，在埃及的方尖碑依旧完好无损。这是为什么？

造成这一现象的原因是，在纽约，随着工业的发展，人们燃烧了大量的煤炭，向大气释放了大量的二氧化硫和二氧化碳。这两种气体在高空中被雨雪溶解，并反应生成了硫酸和碳酸。这些酸性物质随着雨水降落，形成了现在人们闻之色变的酸雨。酸雨中的硫酸落到岩石表面，腐蚀、溶解并破坏了

岩石，让原本壮丽的岩石雕塑变得面目全非。我们把这种岩石被溶解，成分发生改变的风化称为化学风化。

在我国南方气候炎热且潮湿的地区，化学风化作用的速度最快，裸露的岩石只需几年便会因化学风化而变得疏松。且南方地区酸雨天气频繁，这对一些古建筑、古雕塑更是造成了不可估量的破坏。因此，为了减少化学风化带来的危害，降低酸雨的发生频率刻不容缓。多乘坐公共交通工具出行，使用天然气等清洁能源，都是我们个人和家庭力所能及且可以有效保护地球环境的方法。让我们一起行动起来吧！

蛋壳小实验

蛋壳是生活中不起眼的东西。蛋壳的主要成分是碳酸钙，和自然界中的石灰岩是一致的。如果我们把蛋壳放进平常食用的醋里，会发生什么呢？我们会发现，浸泡在醋里的蛋壳慢慢溶解了，并且冒出了气泡。这是因为醋中含有的酸与蛋壳发生了反应，溶解了蛋壳，并生成了新的物质。这个小实验再现了化学风化的过程。

草木的力量 —— 生物风化

清代诗人郑燮有一首流传千古的赞美竹子的诗《竹石》，诗中写道："咬定青山不放松，立根原在破岩中。千磨万击还坚劲，任尔东西南北风。"作者赞美了扎根顽石中的竹子坚定顽强的可贵精神，也表达了自己不屈不挠的强劲

风骨。草木顽强扎根于岩石缝隙中，随着根系的壮大，岩石的裂缝也越来越大，最终导致岩石破碎。这就是生物风化。

是什么在影响着风化作用的强弱呢？

总而言之，岩石的风化作用与温度和水分密切相关。温度越高，湿度越大，风化作用就越强。在干燥的环境中，主要以物理风化为主，且随着温度升高，物理风化作用逐渐加强。而在湿润的环境中，主要以化学风化为主，且随着温度升高，化学风化作用逐渐加强。因此，物理风化主要受温度变化影响，化学风化受温度和水分变化影响都比较大。生物风化主要与植物的生长情况有关，植物生长越茂盛的地区，生物风化作用越强。

著名的埃及狮身人面像屹立在大自然中已有4000多年了，相对来说，它的风化作用进行得较慢，一个原因是它所处的地方气候干燥，主要是物理风化在起作用，另一个原因是那里风沙大，飞沙经常把它掩埋起来，使它免受日晒夜冻。游客们在欣赏它勃发的英姿时，哪里会想到可能昨天它还埋在飞沙中呢！

能长出庄稼的土壤

如果你去过长满庄稼的田地，除了享受美丽的景色和丰收带来的喜悦，你是否想过，这片能长出庄稼的土地有什么特殊之处呢？我们观察到的岩石常常是光秃秃的，上面无法生长植物。即使是风化之后的岩石碎片也无法让植物生长，还需要一种特殊的物质——腐殖质。这是一种由微生物制造出来的有机物。它就像牛奶一样拥有丰富的营养成分，可以让植物生根发芽并茁壮地成长。由风化之后的岩石颗粒和特殊的腐殖质组成的松散沉积物，我们称之为土壤。土壤覆盖在地表的岩石上面，是植物生长的家园。土壤层下面是风化形成的碎石组成的残积层，残积层下面是风化作用无法完全作用到的半风化层。而半风化层下面是没有经历风化作用的岩石，也称为基层。土壤还有一个重要的特点是储水能力非常强大。在烈日炎炎的天气下，土壤里面依旧有水分可以供植物吸取，避免植物因缺水而"渴死"。

"落叶归根"的科学道理

　　大家是否想过，如果植物一直汲取土壤中的营养成分，那这会不会导致土壤有一天变得贫瘠，再也无法供应植物生长了呢？答案是不会的。因为树木在夏天长出的茂盛的绿叶在秋天会变黄、枯萎，或随风飘走，或落到树根处。这些落叶会被土壤中的真菌、细菌等微生物分解形成腐殖质，成为土壤里的营养成分。同样地，枯萎的树木花草也会以这种方式被分解成腐殖质，滋养其他草木的生长。这是多么完美的一个循环啊！

侵蚀——勤劳的搬运工

　　当我们走在大雨过后的街道上，会发现街道的低洼处汇集着泥水。这些泥水是雨水将街道上散落的泥土、沙粒等物质带到低洼处形成的。这种类似于"搬运"的过程叫作侵蚀作用，也就是风、河流、冰川、海洋等在运动状态下改变地面岩石及其风化物，引起其移动和瓦解的过程。

　　地表的岩石看上去非常坚硬，但它们会因为强大的自然力量而逐渐移动、瓦解。雨水冲洗山坡，河流掘挖河床，大风吹刮沙堆，海浪淘洗海崖，冰川刻磨峭壁等，都是很好的证明。

　　之前我们说的风化作用是指在风、流水等自然力量作用下，岩石破碎、变小，但并没有被搬运移动。风化作用的实质是"大块变成小块"，不论是物理风化、化学风化还是生物风化，都是把大块岩石变成碎屑。而侵蚀作用的实质是"小块被搬走，大块越来越小"，其重点在于"搬走"了，至于搬了多远，搬到哪里，并不是我们最关心的。

侵蚀作用可以分为机械剥蚀作用和化学剥蚀作用。二者最大的不同点和我们之前说的物理风化与化学风化类似，在于岩石的成分是否发生改变。一起来具体看一下吧！

蘑菇形的石头从哪里来？

在干旱的沙漠地区，我们常常可以见到一些奇形怪状的岩石，有的像古代城堡，有的像擎天立柱，有的像大型蘑菇。这些岩石可并非雕塑家们的精工巧作，而是风挟带岩石碎屑，磨蚀岩石的结果。这种地表形态叫作风蚀地貌。

流水的侵蚀作用更是强大而普遍，大陆上约90%的地方都处于流水侵蚀作用的控制之下。例如，我国的黄土高原由于植被多遭破坏，流水侵蚀严重，形成了千沟万壑的地表形态。这就是典型的流水侵蚀。

在风和流水等自然力量的作用下，岩石被破坏和搬运，在这个过程中并未产生新的物质，因此这种作用被称为机械剥蚀作用。

岩石也能溶化吗？

流水对岩石还有另一种神奇的作用——溶蚀作用。地表水、地下水在一定条件下能与岩石发生反应，产生能溶解于流水的新物质，并把它们搬运到别处。这种作用就是化学剥蚀作用。石灰岩就是这样一种能被"弱酸性"水溶解、剥蚀的标志性岩石。被这种化学剥蚀作用"洗刷"过的地貌称为"岩

溶地貌"。岩溶地貌包括由流水的不规则溶蚀形成的石林、石峰、残丘等典型现象。

甩不掉的重力

通过之前的学习，我们已经知道了牛顿发现重力的故事。重力是一种来自地球的无形的力，它会拉着地球上的所有物体下落。而侵蚀作用也是有重力的参与的。试想一下，如果没有重力，溪水就不会向下流动，冰川也不会向低处移动，它们也就无法对岩石进行侵蚀作用，也无法完成"搬运工"的工作了。

重力的可怕之处

我们常常听到关于某地发生了山体滑坡、泥石流等自然灾害的新闻。这些自然灾害的发生是因为在暴雨天气下，陡峭的坡地上一些相对松散的岩块和土壤会在暴雨的冲刷下，与整个坡体分离并迅速地沿着坡地向下滚动。这种在重力作用下发生的岩块和土壤的位移也是侵蚀作用的一种。这种规模大、破坏性强的泥石流和滑坡会冲断公路、阻断河流或者破坏山脚下的城市。据统计，仅仅在美国，滑坡造成的经济损失每年高达数百亿元人民币。

前面我们已经简单提及了风和流水造成的机械剥蚀作用和化学剥蚀作用，接下来，我们来系统看一下，风、流水、海洋和冰川都是怎样侵蚀岩石，并在地球表面形成独特风貌的。

风——最常见的刻刀

无处不在的风

春日的早晨，当我们起床打开窗户，常常会感觉到有温暖的风吹进房间；下暴雨时，屋外的狂风会把大树的枝叶吹得东倒西歪。风来无影去无踪，看不到摸不着，却又时时刻刻围在我们的身边。作为地球外动力地质作用的重要自然力量之一，它到底有着怎样的魔力呢？

风的力量有多大？

如果我们在夏日的傍晚去公园散步，微风吹在脸上会让我们觉得凉爽舒服；但如果我们在狂风大作的日子里去海滩，我们可能会感受到风把沙粒刮到脸上的刺痛。这是因为快速移动的风把海滩上的沙粒带起来了。风是空气的流动。风除了可以和其他力量一起进行风化作用，还可以像水流一样携带并搬运沉积物。风的力量是和它的速度相关的，风的速度越大，破坏力越强。我们有时会听到龙卷风把汽车和房屋带到空中，搬运到几十千米外落下的新闻，这正是因为龙卷风的风速很大。

搬运小能手

那么，风是如何搬运沉积物的呢？风可以使颗粒物以三种方式移动，将物质搬运到别处。当风速较小时，风可以通过滚动的方式移动地上的沙子，这种搬运方式就被称作"滚动"。当风速较大时，强风可以使小颗粒物质长时间停留在空中，这种搬运方式被称作"悬移"。最后一种方式叫作"跃移"，它是指颗粒较大的物质在风的作用下以跳跃的方式进行移动。

风吹过的痕迹 —— 吹蚀坑和风棱石

风的侵蚀作用十分普遍，尤其在干燥的沙漠地带，风的侵蚀作用特别显著。

由于风的侵蚀作用，被风吹过的地方可能会因为地表颗粒物被带走而形成浅坑。这些浅坑被称为吹蚀坑，直径从几米到数百米不等。在 20 世纪

30年代，美国人为了开垦农田在美国得克萨斯州大量砍伐森林，破坏了大面积的自然植被。由于缺少植被的保护，地表裸露出了土壤和沙石，强风可以轻而易举地吹走地表的各种颗粒物，导致大平原上产生了数以千计的吹蚀坑。

风除了搬运地表容易吹走的颗粒物，也会不断地瓦解大块的石头。持续的侵蚀作用会使岩石表面产生坑洼和沟缝，并进一步将岩石打磨出光滑的表面和锋利的边角。人们将这种被风的侵蚀作用塑造出来的石头称为风棱石。

让人头疼的侵蚀

风的侵蚀可以造就壮美的风蚀景观，但也让人头疼。在干旱和半干旱地区，由于地表没有足够的植物来保护土壤，风很容易把地表细小、干燥的颗粒搬运走。这些携带有小颗粒的风具有另一种"魔力"——磨蚀。磨蚀是指藏在风中的细小颗粒会随着风破坏风所吹到的地貌、建筑物等。同时，风沙携带越来越多的颗粒物，最终可能停留在某个地方，堆积下来形成荒无人烟的沙漠。风吹走了土壤耕作层中的细土和养分，可使得岩石裸露，造成土地沙漠化，降低土地生产力。在种植季节，风的侵蚀还会使种子裸露，或对幼苗产生损害。此外，风的侵蚀所产生的尘埃进入大气，极易造成环境污染。

如何防止风的侵蚀？

那我们该如何减少风的侵蚀带来的危害呢？

茂密的树木能极大地降低风速，削弱风力。同时，树木的生长会固定土壤，让风无法带走更多的沙粒。而没有携带颗粒物的风就像失去了魔力的"恶魔"，无法带给我们更多的破坏。因此，在风沙多的地方，大力植树造林会是个好办法！

流水改变地球的容貌

水是如何漫游的？

地球上的水是在连续不断地循环变化的。简单地说，陆地上的降水和高山的雪融化形成的水，会先进入地表的河流并最终汇入大海或湖泊。在这个

过程中，水会从水体表面蒸发，变成水蒸气飘到空中，在空中汇聚成小水滴，形成云，再以降水的形式落到地表。地表的土壤和沉积岩颗粒间有足够的空间来容纳这些降水，地表水也会渗入地下，形成地下水，储存在地下沉积岩的孔隙中或流入大海及湖泊。

河流诞生记

你有没有想过一条河是怎样形成的呢？当我们了解了重力后，自然能够理解"水往低处流"的道理。所有的江河溪流都会在重力的作用下从高处往低处流，从高处的山峰流下，经过低缓的平原，最终汇入大海。那么，高处的水是从哪里来的呢？首先，河流的形成需要一个充足的水源来源源不断地供应水。水流发源的地方称为源头。通常，河流的源头位于山地的高处，因为那里往往有充足的积雪融水和降雨，并且水流可以顺山势自然地向山下流动。这些流水不断汇聚形成湍急的水流，并开始它们的风化作用和侵蚀作用，逐渐形成小沟渠。随着水流量的不断增加，它们的风化和侵蚀能力会越来越强，不断地对初始的沟渠进行加深、加宽、加长。一段时间后，流水会在岩石中切开一条狭长的固定通道，也就是河道，河道两边被称为河岸。而当夏季水流增大时，过量的水会越过河岸并漫延到周边的地区，就发生了"洪水"。

汹涌的洪水也有善良的一面

洪水会冲垮我们的房屋，甚至会危害我们的生命，因此，洪水对人类来说似乎是个十足的"大坏蛋"。然而，洪水也有它善良的地方。洪水因为自身的侵蚀作用会携带大量的土壤和其他沉积物颗粒。当洪水缓慢退去时，它携带的沉积物就会沉积在河岸边。随着周而复始的洪水泛滥，洪水中的沉积物不断地在河岸边堆积，形成一个较为平坦的区域，这个平坦区域被称为河漫滩。由于河漫滩上的土壤都是洪水带来的细粒沉积物，因此格外肥沃，一些河漫滩地区成了世界上最好的农田。

流水侵蚀带来了什么？

流水的侵蚀能力是最强的，甚至可以塑造出新的地形。通常，河流的上游或中游都从山区经过，那里水流湍急，河道断面较窄，河流的侵蚀作用会导致河床下蚀。当夏季流水量较大、流速较快时，流水的下蚀作用可以把下部坚硬的岩石冲碎并带走，形成细小的沟谷。随着水流量的持续增大，侵蚀作用不断加强，最终，细小的沟谷被冲刷成险峻的大峡谷。正因为如此，河流的中上游经常会出现瀑布和峡谷。这种由流水的向下的侵蚀作用形成的"窄而深"的峡谷也被称为"V形谷"。河流的下游通常位于平原，地势平缓，流速较慢。由于河道外侧的水流流速较快，会对河道外侧形成强烈的侵蚀，使河道呈现出迷人的弯曲状，我们把这种地貌景观称为河曲。

河流"搬运工"的三种工具

我们之前说到，风搬运沉积物的手段有三种，分别是：滚动、悬移和跃移。河流搬运沉积物的手段也有三种。

第一种是悬移，指那些较小的颗粒物浮在水流中，被河流搬运。被河流

以"悬移"的手段搬运的沉积物，如黏土、粉砂等被称为悬移物。需要注意的是，河流中悬移物可以随水量和流速的不同而变化。比如流速快的水可以携带颗粒较大的悬移物，而流速慢的水只能携带颗粒较小的悬移物。

第二种是滚动，指体积、质量较大的沉积物虽然不能被河水携带，但可以在河水的推动下，沿着河床发生滚动。以这种方式被搬运的沉积物，比如大颗粒的砾石、鹅卵石等被称为河床承载物。

第三种是溶解。我们都知道水可以溶解一些物质。当河水流经含有可溶性矿物的岩石时，会溶解岩石中一定量的矿物，并搬运这些物质。这些被溶解的物质也被称为溶解物。

你能说出流水侵蚀与流水溶蚀的区别吗?

流水侵蚀是机械剥蚀，侵蚀过程中未发生化学变化，也就是没有产生新的物质。仅仅是流水的力量破坏了途经的岩石，并将其携带到下游。其标志性地貌有峡谷、瀑布、黄土高原的千沟万壑等。

流水溶蚀则属于化学剥蚀。当水中含有二氧化碳时，会产生碳酸，进而和岩石中的某些物质发生化学反应，这也就是前面提到的溶蚀作用。在易溶岩区（如石灰岩聚集的地区）溶蚀作用尤其明显。标志性地貌是岩溶地貌（也称喀斯特地貌），比如我国桂林山水、云南路南石林、湖南武陵源黄龙洞等。

地上奇观 —— 喀斯特地貌

如果你去过桂林，肯定会为那里奇形怪状的岩石构成的美景所震撼，不由得发出"桂林山水甲天下"的赞叹。那些形状不一的岩石并不是被人精心

雕刻过的，而是由带有碳酸的流水溶解形成的。这种发生在地表的，由被特殊改造过的岩石形成的地表形态就是我们前面说的岩溶地貌，也叫作喀斯特地貌。

地下奇观 —— 溶洞

不知道大家有没有去过天然的地下洞穴参观，那里有美丽的钟乳石、石柱、石笋等景观。这些天然洞穴是怎么形成的呢？里面的各种自然景观又是怎么形成的呢？实际上，这些都离不开地下水的作用。

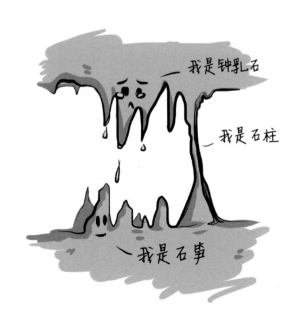

化学知识告诉我们，空气中的二氧化碳可以和水结合，发生化学反应生成碳酸。同样地，当地下水与二氧化碳反应时，也会生成碳酸，碳酸可以溶解一类特殊的岩石——碳酸盐岩。因此，在碳酸盐岩地区，这种带有强大溶解力的地下水会不断地溶解周围的岩石，最终在地下溶解出一个天然的地下空洞，我们称之为溶洞。当这些溶解了岩石的地下水在地下的某个地方蒸发时，就会发生沉淀作用，溶解的岩石又会以"碳酸钙晶体"的形式析出。因此，地下溶洞中的自然奇观（钟乳石、石柱、石笋等）都是析出的"碳酸钙晶体"。

海水也一样厉害

海洋长什么样？

海洋是地球上最广阔的水体的总称。每一个海洋都像一个巨型的"碗"一样，它们装着地球上绝大部分的水。据统计，海洋中含有 13 亿 5000 多万立方千米的水，约占地球上总水量的 97%。此外，海洋还是生物的乐园，目前已经被发现和记录的海洋生物就有两万多种。而在海洋的更深处还有更多的未知生物等着我们去发现。海洋的平均深度约为 3800 米，靠近大陆边缘较浅的部分叫作海，中心较深的部分叫作洋。

数一数地球上的大洋

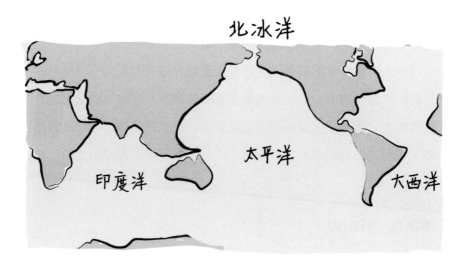

我们都知道地球上有七大洲、四大洋，七大洲分别是亚洲、非洲、南极洲、南美洲、北美洲、欧洲、大洋洲，四大洋则分别是太平洋、大西洋、印度洋、北冰洋。其中，面积最大的大洋是太平洋。它位于我们国家的东面，横跨了南北半球。太平洋作为地球上最大的大洋容纳了大约全球一半的海水，它的面积比地球上所有陆地的面积加起来还要大。第二大洋是大西洋，它的范围从最南边的南极洲到最北边的北极圈。第三大洋是印度洋，它在印度的南面，主要位于南半球。而在北极圈以内的北冰洋是最小的大洋。

地球为什么叫蓝色星球？

为什么我们的地球又被称作"蓝色星球"呢？这是因为飞出地球的宇航员们在太空中看到的地球是蓝色的。蓝色就是海洋的颜色。地球表面大约71%的地方都被海洋覆盖。地球上的大陆就像巨大的小岛，几乎完全被海洋包围。所以，我们在太空中看地球，映入眼帘的主要是海洋的蓝色。

我们在第一部分了解到，我们能看到一朵红色的花，并不是因为这朵花是红色的，而是因为这朵花把太阳光中的其他光吸收了，只留下红光，反射到了我们的眼中。同样的道理，我们看到海水是蓝色的，也是因为太阳光照

到海洋上时，只有蓝色的光被反射回来，其他几种颜色的光都被海水吸收了。

海水为什么不能喝?

你有没有听说过在海水里渴死的小笑话? 事实上这并不是笑话。人类是不能直接喝海水的。海水中溶解了大量的盐和各种其他的物质。如果喝了这种盐含量严重超标的水，我们会"中毒"，甚至死亡。用来描述海水中溶解的盐含量多少的指标叫作"盐度"，海洋学家用每千克海水中盐的克数来表示盐度。正是这个原因，我们也把海水称为咸水，相对应地，把盐度正常的、我们可以喝的水叫作淡水。淡水一般储存在世界各个大陆的河流、湖泊、地下水以及南极洲的冰盖中。正如前面所讲，海洋中的"咸水"约占地球上总水量的97%，只留下了约3%的淡水供我们饮用。所以节约用水，保护淡水资源很重要!

海里为什么会有波浪?

当我们走在海岸边，经常能看到海水拍打海边的巨石，发出轰隆隆的巨响。这说明海水并不像杯子里的水一样静止不动，而是在不断地运动着的。海水最明显的运动方式是波浪运动。当海面上有一阵风吹向海岸，原本平静的海面会出现起伏，起伏的海水不断向海岸移动，最终涌向沙滩。这就是一个完整的波浪运动。起伏的海水就是波，最高点称为波峰，最低点称为波谷，波峰和波谷之间的高度称为波高。

大海的"呼吸"

如果你坐在海边长时间观察海岸，你会惊奇地发现：从某个时间开始，海水会慢慢地涌上岸来，甚至能渐渐淹没海边的巨石；几个小时后，海水又

涨落潮

悄然退去，露出一片海滩，原来被淹没的巨石又再次出现。如果你能连续几天去海边观察，你会发现大海天天如此。实际上，大海日复一日、年复一年地进行着这种运动。这就是我们常说的涨潮和落潮。涨潮和落潮一般一天有两次。海水的涨落发生在白天叫潮，发生在夜间叫汐，所以大海这种有节奏的"呼吸"也叫潮汐。在涨潮和落潮之间会有一段时间水位处于不涨不落的状态，叫作平潮。

潮汐是由太阳和月亮对地球的引力变化造成的。海水上升的最高位置叫作高潮，海水下降的最低位置叫作低潮。

是时候看看海水的力量了

海水的运动方式主要有波浪、潮汐、洋流和浊流四种，其中对陆地海岸造成侵蚀的主要是波浪和潮汐。与流水侵蚀一样，波浪和潮汐的侵蚀作用也分为机械剥蚀和化学剥蚀两种类型。

波浪和潮汐拥有极大的冲击力，有时，在较短时间内就能对海岸地貌造成巨大破坏。因此，沿海地区的很多城镇都会修建防波堤来保护海岸。防波堤是一种有很多孔洞的人造堤坝，通常建在离海岸有一定距离的地方，它既可以保证海水的自由出入，又能有效地分散波浪，减少波浪及潮汐对海岸的侵蚀破坏。

此外，与淡水河流相比，海水中矿物质含量更高，对沿岸岩石具有更强的溶蚀作用，时常能够塑造出一些千奇百怪的海蚀地貌景观。岬角、海蚀崖、海蚀洞、波蚀棚等，都是极为壮观的自然景象。

会流动的冰——冰川

冰川是怎样形成的？

冰川是怎样形成的呢？冰川是指能够移动的巨大冰块，一般形成于高海

拔的山区和两极地区。在这些地方，比如阿尔卑斯山和南极洲，温度常年在0℃以下。低温使降雪不能完全融化，没有融化掉的雪不断累积，厚度逐渐增加，最终形成了冰川。冰川可以分为两种类型：山岳冰川和大陆冰川。在高山地区形成的冰川称为山岳冰川，在两极地区形成的覆盖在广阔的大陆上的冰川称为大陆冰川。

改造地形的"小能手"

冰川的侵蚀作用同样可以塑造多种地形。比如，在高山地区的山岳冰川可以凿出深深的狭长状凹陷，我们称之为冰斗。当山顶的三面或多面都有冰川移动时，山峰会被切割成一个陡峭的金字塔状，我们称之为角峰。世界上最著名的冰川角峰是瑞士的马特峰。

"冰山一角"

尽管我们在日常生活中很少见到冰川，冰川却占据了地球表面积的10%左右。当冰川的冰逐渐增加并累积到一定程度时，冰体会由于太重而无法维持在原地，冰川就会在重力的作用下缓慢地下滑移动。相信大家对"冰山一角"这个成语都很熟悉，它的字面意思是指冰山露出来的，我们能看得到的那一点点，形容庞大的事物只显露出它的一小部分，或比喻比较复杂的情况仅仅露出一点端倪，仅凭这一小部分，还难以判断事情或了解事物的本质和全部。那我们看到的海面上漂浮的冰山真的只是"冰山一角"么？

冰的密度大约是水的90%，所以冰会漂浮在水上。通过计算可以得出，露出水面的冰山体积只占整个冰山的1/10，所以才有"冰山一角"的说法。

海平面上升之谜

近年来，人类活动排放的大量二氧化碳导致地球的表面温度升高了，这也就是科学家们所说的"温室效应"。地球变暖使得冰川大量融化成水，流入海洋中。先试想一下，如果我们往碗里不断地倒水会发生什么呢？碗里的水面会不断升高直至水溢出碗口，流到桌面上。同样地，冰川融水向海洋不断注入会导致海平面上升，同时也会淹没更多陆地。这就是海平面上升的根本

原因。

地球在"发烧"，冰川在融化，人类该何去何从？

近年来，北极圈内出现罕见高温，一度达到30℃以上，高温使得冰川迅速融化。地球气候系统复杂却又脆弱，哪怕一点点的温度变化都可能带来巨大灾难。如果全球平均地表温度上升1～3℃，北极的海冰在夏季时将会消失，格陵兰岛厚达上千米的冰盖将发生不可逆的融化；如果上升超过5℃，北极的海冰在冬季时也将消失。研究北极气象的学者预测，在2040年前的某个夏天，北冰洋上的冰层可能完全消失。

极地原本是地球的天然"空调"，能调节温度、湿度等。而北极快速变暖带来的后果，可能是人类难以承受的。冰川融化，不仅北极熊和海象会因为赖以生存的栖息地消失而灭绝，它所导致的海平面上升更会使大量岛屿及沿海低地沉入海中，人类也将失去赖以生存的家园。

在全球气候变暖的背景下，极端天气事件将会越来越多。今年夏天我们在忍受酷暑，而明年夏天，后年夏天，高温极端天气可能更加肆无忌惮。我们，还能忍受多久呢？人类，该警醒了！

岩石是怎样形成的呢?

什么是沉积作用与沉积物?

我们都知道,裸露在地表的岩石会因为风化作用而被磨损成细小的碎片,并在原地形成松散的堆积物。而后,这些堆积物又会经历侵蚀作用而被携带、搬运,离开原地。这些物质在到达适宜的场所后,由于条件发生改变而发生沉淀、堆积,这个沉淀堆积的过程就是沉积作用。经过沉积作用沉淀形成的松散物质叫沉积物。

沉积物最后都去哪里了呢?

通过前面的学习,我们知道,流水、风、冰川等的侵蚀作用会携带沉积物从高处向低处移动,因此,大多数沉积物最终会沉积在地势相对较低的区域。这些地势相对较低的区域被称为"盆地",盆地就像一个大碗一样收集、存储着从周围运来的沉积物。

沉积物

风、水、冰

我要被带到哪里去

按沉积环境的不同可以把沉积作用分为大陆沉积与海洋沉积两类。这个就很好理解了：沉积物最终沉积在陆地上，就是大陆沉积；最终沉积在海洋里，就是海洋沉积。

当携带沉积物的水流注入平静的湖泊或海洋时，沉积物便层层叠叠地沉入水底；当携带沉积物的风停止吹动时，沉积物会沉降、落至地面。在这些情况下，沉积作用就开始了！

沉积小实验

准备一个透明的玻璃瓶，往玻璃瓶中倒入一些清水。然后混入一定量的大小不一的沙粒，摇晃均匀后放在桌子上静置。让我们看看玻璃瓶内会发生什么。我们会发现，沙粒慢慢沉到了瓶底，并且颗粒较大的沙粒沉积到了下部，颗粒较小的沉积在了上部。这个实验便为我们展示了沉积作用的过程。同理，在自然界中，当侵蚀作用停止时，物质就会沉积下来。大颗粒会率先下落，沉积在底部；小颗粒则会在大颗粒下落之后沉积，因此沉积在顶部。

大颗粒为什么不和小颗粒沉积在一起呢？

上面的实验结果表明，沉积物在沉积的时候会按照颗粒的大小进行有差别的沉积，即颗粒大的沉积物一起沉积，颗粒小的沉积物一起沉积，由此形成不同的沉积层。这其中蕴含着什么道理呢？

当我们在桌子上放一些大小不一的沙粒，然后试着用嘴吹气把它们吹走

时，我们会发现，颗粒小的沙粒很容易就被吹走了，而颗粒大的沙粒则需要费力地吹才能吹走。是的，道理就是这么简单。在自然界中，不论是流水还是风，它们的运动速度越快，"力量"越大。相应地，"力量"更大时，它们能携带、搬运的颗粒物也就更大一些。那么，当流水趋于平缓或者风力慢慢减弱的时候，它们已经没有力气再携带大颗粒继续前行了，因此，较大的颗粒物就会早于较小的颗粒物先沉积下来。在这个过程中，流水和风就像我们人类的"手"一样，可以主动把携带的沉积物按大小分类，然后有序地先丢掉大的颗粒物，再丢掉小的颗粒物。这个过程也被地质学家们形象地称为"分选"。

沉积作用有哪些?

冰川沉积 —— 来者不拒的大个头

冰川在移动时会把底部压碎的岩石"吃到"自己的"肚子"里，带着这些沉积物继续前行。当冰川走到地势较低的地方，由于温度升高，它们便会融化，这时它们肚子里的沉积物也会被一同卸下来，这就是冰川的沉积作用。也正是这个原因，冰川这个大个头是不会对它们携带的沉积物进行"分选"的。在冰川融化的地方，我们可以见到巨石、碎石和泥土这些颗粒大小差别极大的沉积物堆积在一起，就像一锅"大杂烩"一样。

风的杰作 —— 沙漠和黄土

风的沉积作用发生在风速较小的地区。随着风速减慢，被风携带的部分沙粒和其他颗粒物无法继续被携带，便从气流中掉落到地面，形成了沉积。风的沉积作用同样会形成各种奇特的地貌，最典型的要数我们熟悉的沙漠地貌了。在风力的作用下，无数小沙堆连成一片，表面呈现出高低起伏的沙波纹，远远望去，就像浩瀚的海洋一样。

沙漠并不是平整的，它是凹凸不平的，有一个个起伏的"小山丘"状的突起。这种由沙子堆积而成的山丘被称为沙丘。当携带着沙粒的风经过高地、大的石头时，这些物体会阻挡风的向前运动，风携带的沙粒便会在此沉积下来，形成一个小沙堆。一段时间后，沉积的沙粒越来越多，这些沙堆就会发展成沙丘。

此外，还有一些很细、很轻的颗粒，如粉砂、黏土等，由于只需要很小的风速就可以被携带，往往会被搬运很远的距离。这些细小的沉积物经过数千年的堆积后便形成了我们熟知的"黄土"。黄土是地球上最肥沃的土壤之一，组成它们的细小沉积物中含有丰富的矿物质和其他营养成分。

河流的杰作

当河流流到低处时，它的速度会减慢，河水也就失去了搬运能力，沉积作用便开始了。河流的沉积地主要有两种类型。一种是山脚下，当从山上流下的河水流到山脚下时，河流的坡度会突然减小，使得河水的流速降低，甚

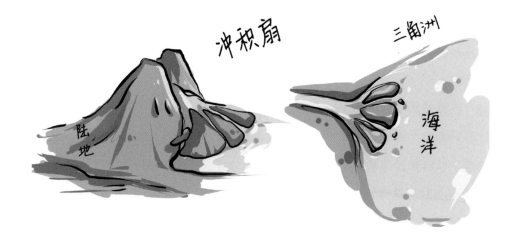

至接近零。这时河流携带的沉积物便在山脚下沉积。这种沉积作用通常会在山脚形成一个扇形的沉积区，这个沉积区被称为"冲积扇"。

另一种是入海口或入湖口。当河流汇入更大的较为平静的水体，比如海洋或湖泊时，水流的速度也会逐渐减小，失去运载沉积物的能力。河流会在流入更大水体的地方形成三角形的沉积区，也就是"三角洲"。比如长江三角洲、珠江三角洲都是大河入海时发生沉积而形成的。

海洋的沉积

海洋是巨大的汇水盆地，是沉积物最终的沉积场所。海洋沉积物主要来源于大陆，在河流、冰川和风等的作用下，每年有数百亿吨物质被搬运到海洋并在海洋中沉积下来。另外，海洋侵蚀作用的产物、火山物质、宇宙物质等也是海洋沉积物的重要组成部分。说到我们最熟悉的海洋沉积作用的产物，非沙滩莫属了。

五颜六色的沙滩

"哗！哗！"海浪拍打着礁石，溅起了几米高的洁白晶莹的水花。海浪涌到岸边，轻轻地抚摸着细软的沙滩，又恋恋不舍地退回。一次又一次，在沙滩上画出一条条银边，像是给浩瀚的大海镶上了闪闪发光的银框，使大海变得更加迷人。这段生动的描写里，既包含了海水的侵蚀作用，又包含了海水的沉积作用。海浪拍打礁石，雕刻出耸立的峭壁，这便是海水的侵蚀作用；层层波浪簇拥着海边的细沙，浪花退去，留下一片海滩，这便是海水的沉积作用。

沙滩是最主要的海滩形态，也是海水沉积作用的重要产物。提到沙滩，我们脑海中不免浮现出这样一幅画面：金黄色的沙滩上，有许多五彩缤纷的贝壳，它们静静地躺在那儿。沙滩上的沙子软绵绵的，踩上去就像踩在被子上一样，十分舒服。但是，除了金黄色的沙滩，你听说过白色的、红色的、绿色的，甚至是黑色的沙滩么？

我们都知道，沙子是由岩石风化形成的，所以沙子的颜色是由当地岩石的性质决定的。岩石中的矿物不同，沙滩的颜色也会不一样。如果沙滩主要是由石英组成的，那么就会是白色的。红色的沙滩是因为含有红色的三价铁，绿色的沙滩是因为残留了密度较大的绿色橄榄石，黑色的沙滩则是因为原岩主要为玄武岩等，其中含有大量的暗色矿物。但无论是哪种颜色的沙滩，都离不开海水的沉积作用。

沉积物是怎样变成沉积岩的？

石头的分类

我们都知道，地球的主体是由石头组成的。首先，我们生活中常讲的"石头"用更专业的术语来说是"岩石"。岩石是由更小的成分——矿物组成的，就像拼图的完整图案是由一块块小的拼图组合而成的一样。那么你有没有注意到，我们在不同的地方见到的岩石并不都长得一模一样。是的，组成岩石的矿物不同，岩石的种类就不同。地球上的岩石种类有近百种，科学家根据岩石成因的不同划分出了三类岩石，也就是"三大岩类"，分别是：沉积岩、火成岩和变质岩。

能把丑小鸭变成白天鹅的力量

你是否想过，当流水、风、冰川把携带的沉积物带到较低处的盆地沉积下来后，随着越来越多的沉积物沉淀，底层沉积物必将承受着上层沉积物越来越大的压力。在这种条件下，这些底层沉积物会变成什么呢？答案是沉积岩。沉积岩就是地球表面经过风化作用、侵蚀作用和沉积作用最终沉积下来的沉积物进一步变成的岩石。这种变化就像童话世界里丑小鸭变成白天鹅一样神奇，我们把这种沉积物变成沉积岩的过程称为"岩化作用"。

见证奇迹的时刻到了！

岩化作用一般分为两步：挤压和胶结。

挤压是岩化作用的开端。刚刚沉积的沉积物颗粒之间非常松散，并且含有大量的水。这时，覆盖在上面的沉积物会不断压实下面的沉积物，使颗粒之间更加紧密，并且排出水分。这个挤压的过程就像我们把浸满水的海绵块放在桌子上，用手去按压一样。挤压过程会让沉积物的体积变小。

胶结是沉积物颗粒之间黏合的过程。挤压会让沉积物颗粒变得更加紧密，

但并不能让它们结合在一起。我们需要一种"胶水"来把颗粒和颗粒黏起来，这样才能形成一个整体。这个"胶水"便是岩化过程中形成的新矿物。颗粒间形成的新矿物，比如方解石或氧化铁，可以使沉积物颗粒黏合在一起，最终形成沉积岩。这个过程被称为"胶结"。

沉积岩内部的小空间，秘密的储藏室

沉积岩的形成经历了强烈的挤压和胶结过程。那么，沉积物颗粒之间的空隙会完全消失吗？显然不会。沉积物颗粒中有很大一部分是一种叫作石英的颗粒。石英的特点是硬度非常大。在岩化过程中，石英并不会被挤压变形，而是在颗粒间形成一个个支撑的框架，使得颗粒之间存在一定的孔隙。这就像我们把石子放入瓶子里面，瓶子仍可以装水一样，石子之间仍然具有容纳水的空隙。我们都知道石油是人类从地下开采出来的。一些干旱地区的人们喝的水也是来自地下的。那么这些石油和水是储存在地下的什么地方呢？地下会有湖泊吗？如果有，那上面的岩石不会掉下去吗？实际上，岩石不会掉下去。石油、地下水通常就储存在沉积物颗粒之间的孔隙中，这些孔隙就像一个个秘密的储藏室，为我们人类储存着宝贵的资源。

沉积岩家族都有谁？

沉积岩根据形成原因的不同可以分为三类，分别是：碎屑沉积岩、化学沉积岩和生物沉积岩。下面让我们认识一下这三类沉积岩吧！

最简单的碎屑沉积岩

风化作用和侵蚀作用会把地表的岩石变成细小的碎屑。由地表的碎屑沉积形成的沉积岩就是"碎屑沉积岩"。碎屑沉积岩是沉积岩中最常见的类型。

"无中生有"的化学沉积岩

前面我们学习到，流水会溶解一部分容易被水溶解的矿物，随后同碎屑颗粒一起被搬运至湖泊或海洋等的盆地中。这些溶解在流水中的物质被搬运到湖泊或海洋中后，随着水分的蒸发，会被"吐"出来。这一"吐"出来的

我是从陆地上来的！

我是从水里来的！

我原来是贝壳！

碎屑沉积岩

化学沉积岩

生物沉积岩

过程被称为"析出"。这些析出的物质会落到水底并经历岩化过程，通过这种方式形成的沉积岩就是化学沉积岩，也被称为蒸发岩。

与生命有关的沉积岩

我们知道，水中生活着非常多的动植物，尤其是离海岸较近的海域，各种各样的动植物生活在那里。一些生活在海洋中的生物会利用溶解在海水中的矿物来形成贝壳。当它们死去时，它们的残骸会沉淀到海底形成厚厚的沉积层。在这些沉积层的岩化过程中，水中会析出一些新的矿物，这些矿物使得沉积物颗粒发生胶结，最终形成沉积岩。这种沉积岩我们称为生物沉积岩，也称为生物化学沉积岩。

沉积岩的"胎记"——层理

有的小朋友生下来身上的某个部位便带有一些特殊的标志，例如，胳膊上有块青色的印记。医生把这些印记称为胎记，也就是指出生便带有的记号。同样地，沉积岩也有属于它的胎记——层理。

层理

层理是由沉积物在流水或风力作用下沉积造成的。比如在流水的沉积过程中，随着水流速度降低，最大和最重的物质会最先沉积下来，随后是略小的，这样沉积物就会自下而上一层层地逐渐变细、变小。这种成层变化的结构就是"层理"。

生命的遗迹——化石

化石是地质学家重要的研究对象之一。前面提到，著名的地层层序律就

是斯坦诺通过研究古生物化石总结出来的。我们可能都在博物馆里看到过巨大的恐龙化石。简单来说，化石就是生活在遥远的过去的生物的遗体或遗迹变成的石头。

化石是怎么形成的？

化石为我们提供了远古时代的各种信息，而沉积岩最广为人知的一个特

点就是可能含有化石。这是为什么呢？因为化石就是和沉积岩一起形成的！
远古时代，当一个生物死亡后，如果在腐烂或被破坏前就跟随沉积物一起被
埋在地下，这个生物的遗体中的有机质就会被分解殆尽，而坚硬的部分，如
外壳、骨骼等，会与包围着它的沉积物一起经历岩化过程。在岩化过程中，
生物体会被新生的矿物替代并变成岩石，但是它们原来的形态、结构（甚至
一些细微的内部构造）依然保留着。这个过程叫作"矿化"。

火成岩和变质岩在哪呢？

地球内部炙热无比，就像一个大熔炉一样。地下一定深度的岩石会
像"烈日下的冰淇淋"一样熔化掉。熔化掉的岩石会变成液体，也就是"岩
浆"。滚烫的岩浆会像"铁水"一样沿着裂缝向地表移动，最终通过火山喷到
地表。喷发到地表的岩浆因为地表温度较低而逐渐冷却、凝固，重新变成岩

变质岩

热到变质了

石，这类岩石被称为"火山岩"。当然，也有一些岩浆没有"跑到"地表，而是停留在地下某个位置重新凝固成岩石，这类岩石被称为"侵入岩"。火山岩和侵入岩都是由岩浆冷却、凝固形成的，二者在成因上相似，所以被统称为"火成岩"。

正如前面说到的，地下深处的岩石时刻经历着高温的烘烤，一定深度的岩石受不了高温就会熔化成岩浆。而那些位置相对没有那么深的岩石虽然也经受着高温的烘烤，但那里的温度还达不到能够熔化它们的程度。这种状态下的岩石虽然没有熔化，但较高的温度也会让它们的矿物组成发生一些变化，就像我们放在烤箱里的饼干，烤熟了会膨胀一样。我们把这种内部发生了变化的岩石称为"变质岩"。

总结语

本书从人类对地球的基本认识、地球的演化历史、内动力地质作用和外动力地质作用四个部分为读者介绍了地球科学的基础知识。希望读者小朋友们可以通过阅读这本书，对我们的家园 —— 地球的过去、现在和未来有一个科学的认识。然而，我们人类知道的仅仅是地球奥秘的一小部分，地球还有很多未解之谜等着我们去探索。所以，从现在开始，让我们更仔细地观察地球的一切事物和变化，并思考背后蕴藏的科学道理吧！